にゃんこのキモチがわかっちゃう!

猫語辞典

Nyanko Words Dictionary

Gakken

はじめに

ボクたち猫は毎日、
人に「猫語」で話しかけてるニャ。

「猫語」っていうのは、もちろん人が
使うようなコトバじゃないよ。

たしかに「鳴き声」でキモチを
伝えることもあるけど、
それはほんの一部。

「しぐさ」や「表情」や、
ふとしたときに見せる「ポーズ」で、
キモチを伝えているんニャ。
「寝姿」にだって、
ボクたちのキモチは表れているニャ！
それがボクたちの使う「猫語」。

この本では、それら「猫語」の解読法を
こっそり教えてあげるんニャ。

「猫語」がわかるようになれば、
ボクたちとのコミュニケーションは
もっともっと、楽しくなるはずニャ！

CONTENTS

顔の表情を読み取ろう 31

Q & A

寝相や寝場所に注目！ 57

ヘンなポーズが表すキモチ

Photo Story 2

アオ〜〜ン
アオ〜〜ン

しぐさからわかるキモチ 99

カプッ

あう
あう
ヒョコ
ヒョコ
キモチいい〜

しましまきょうだい

サバトラ猫のビスケ（♀）とサブレ（♂）は、きょうだい猫。
そっくりなふたりは、いつもいっしょに過ごしています。

生まれたときから

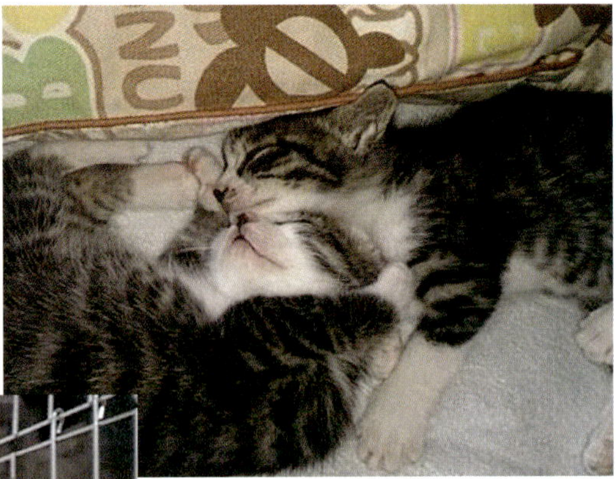

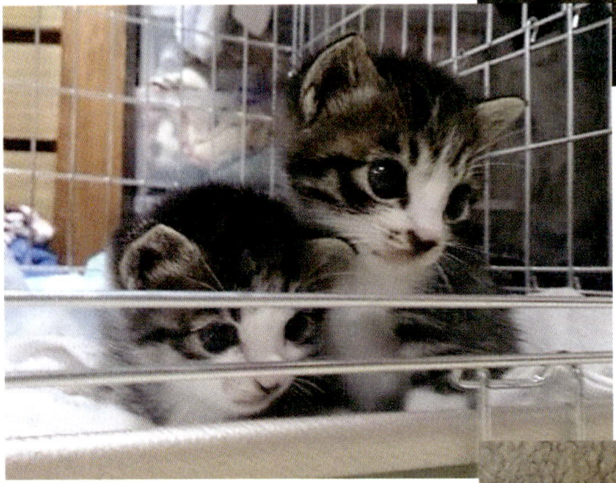

ずっといっしょの
ビスケとサブレ。

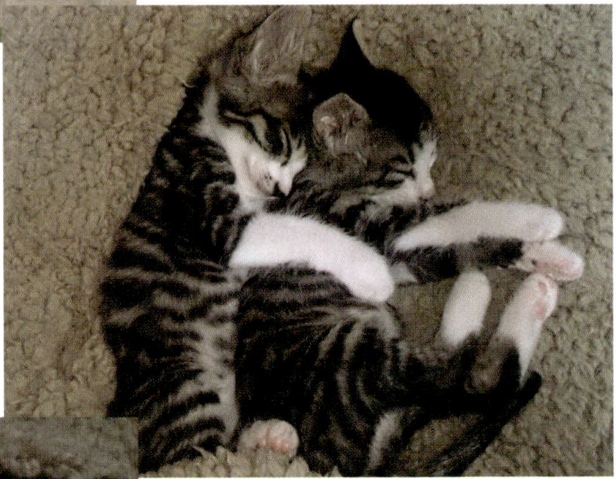

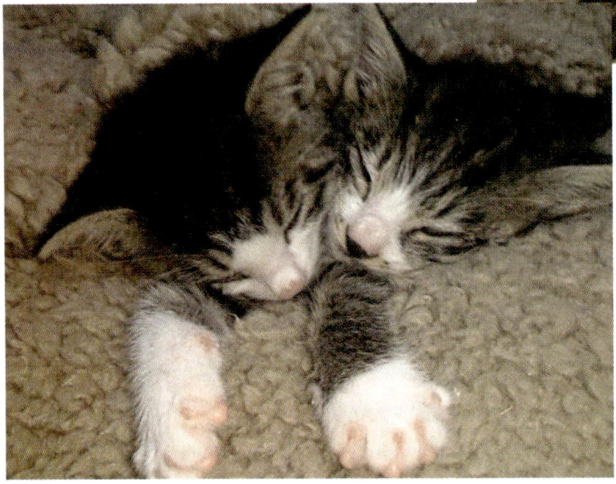

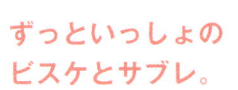

２匹いっしょに同じおうちに
もらわれることに
なりました。

よかったね！

そっくりな
ふたりだけど、
性格は少し
ちがいます。

おっとりしたサブレと
落ち着かないビスケ。

でも、
遊ぶときは
いっしょ！

食べるときも
いっしょ！

眠るときも
もちろん…

そもそも猫に感情はあるの？
どうやって表してるの？

はじめの予備知識

予備知識 1

猫の基本心理は「安全」と「危険」が尺度

猫にも感情はもちろんあります。だけど人間のように複雑なものではありません

猫の感情の主軸は、今が「安全」か「危険」かに基づいています。例としては、「キモチいいなあ」（ここは安全）、「おなか減ったよ！」（空腹が続くと危険）、「アイツだれだ!?」（なわばりを荒らされると危険）などなど。それ以外のことはたいして重要ではないので、人間のような複雑な感情はもちません。

例えば、人間は相手に気を遣ったり、人と自分とを比べて落ち込んだり嫉妬することもありますよね。ですが猫はもともと野生ではひとりで生活する動物。人間のような社会生活はありませんから、ほかの猫のことを気にしたり、自分と相手とを比べたりはしないのです。今が安全ならキモチよくリラックス。危険なら逃げるか戦う！　基本はそんなシンプルなキモチです。

人のように
相手に気を遣ったり
自分と他人を比べて
落ち込むなんていう
フクザツな感情はないニャ

猫の基本心理

安全

キモチいいな

安心だー

リラックス

危険

ケンカ
するか!?

猫にも当然感情はあります。ごはんをもらえるなど、安全につながることは喜びますし、危険は怖がります。でもそれらをきちんと理解するには、猫を人間と同じように見てはダメ。猫の習性を理解しないと、本当のキモチは理解できません。

助けて!

ヤバイ!

予備知識 2

猫は気分のモードがころころ変わる

子猫モード、親猫モード、野生モード、飼い猫モード。4つの気分モードが瞬時にチェンジ！

猫が気まぐれに見えるのは、単独生活をする動物だから。相手に気を遣って合わせることなどないからです。また、気分がモードチェンジするせいもあります。

現在の飼い猫のなかには、主に4つの気分のモードがあります。ひとつは「子猫モード」。母猫に甘える子猫の気分です。飼い猫の場合、飼い主さんが母猫のように守ってくれるので、おとなになってもいつまでも子猫気分が残っているのです。その反対が親猫モード。いわゆる母性（父性）本能というやつで、自分の子どもでない相手にも世話を焼いたりすることがあります。ほかに「野生モード」や「飼い猫モード」も。このように、猫のなかで気分のモードがころころと変わっていきます。まるで多重人格のようですが、猫にとっては何の矛盾もないので困ったもの。こちらが努力して理解するしかありませんね。

天気や時間帯でも気分が変わる！

野生の猫は晴れた日には獲物を狩りに出かけました。雨だと狩りの効率が悪いため、巣穴でおとなしく寝て、体力を温存していました。中途半端な曇りではどうしようか迷ってイライラ。現代の猫にもこの習性が残っているため、天気によって気分が変わるのです。

獲物を狩りに出かけるのは明け方と夕方。砂漠でも涼しく、夜目が利かない鳥などの獲物が捕まえやすい時間帯です。現代でも猫が明け方と夕方に活発になるのはこのためです。

猫の気分の4つのモード

子猫モード

野生ではおとなになるとひとりで生きていかねばなりませんから、甘ったれた子猫気分でいたら生きていけません。ですが飼い主さんに世話を焼かれている飼い猫の場合、おとなになっても子猫気分が残っています。甘えたり、ねだったりするのは子猫モードです。

野生モード

いつもはのんびりしている猫が、突然、人（猫？）が変わったように走り回ったり、獲物を捕らえるハンターのようにおもちゃに飛びかかって食らいついたり。これらは野生の本能のスイッチが入った証拠。飼い猫にも残っている、猫の本来の姿なのです。

飼い猫モード

野生の猫であれば、つねに危険がないか警戒しているもの。おなかを丸出しにして寝ているなどの無防備な姿は、安全なことがわかっている飼い猫ならではのものです。のら生活が長かった猫は警戒心が捨てられず、飼い猫モードになりにくい傾向があります。

親猫モード

何らかのきっかけで母性（父性）本能が刺激されて、自分の子どもでなくても年下の子猫などを子どものようにかわいがることが。獲物を捕ってきて与えるのは、親猫の気分で子猫に食べ物を与えているつもり。もしくは子猫に狩りを教えているつもりなのです。

予備知識3

猫は全身でキモチを伝えている！

全身をよく観察して、猫のキモチを総合的に推測することが大切

猫のキモチを知るには、猫をよく観察する必要があります。「顔の表情だけ」「鳴き声だけ」などの単品でキモチを判断することはできません。同じひとつのしぐさでもシチュエーションによって意味が変わってくる場合もあるので、それぞれの項目をひとつの手掛かりとして、総合的にキモチを察することが大切です。

寝姿

➔P.57へ

猫はよく眠る動物ですが、どういうカタチで寝ているかで、安心して寝ているのか、警戒しながら寝ているのかがわかります。足の位置、頭の位置、おなかを見せているかどうかがポイント。

ポーズ

➔P.67へ

体の柔らかい猫は、さまざまなポーズを見せます。なかには変なポーズもいっぱい。そんなポーズにも、ひとつひとついろいろな意味があるんです。

しぐさ

➔P.99へ

猫のしぐさは多種多様。いろんなしぐさで、あなたにメッセージを発しています。なかには危険な病気のサインを示すものも。飼い主さんは見逃さないように意味を知っておいて。

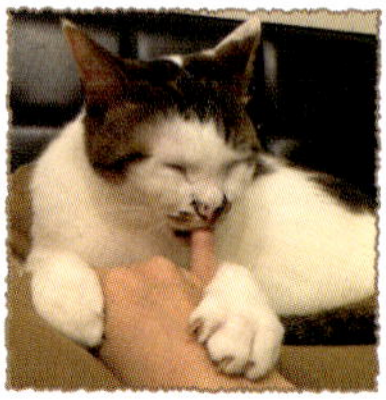

ニャー

鳴き声

→P.81へ

猫には数種類の鳴き声のパターンがありますが、同じ鳴き方でも、声のトーンやシチュエーションによって意味が違ってきます。どんなときに鳴いたか、鳴く頻度はいつもと違うのかなども重要です。また、飼い主さんに向かってよく鳴くのは子猫気分の強い猫です。

しっぽ

→P.49へ

猫のキモチはしっぽを見れば一目瞭然。顔はポーカーフェイスを保っていても、しっぽがパタパタと動いているときはキモチも動いている証拠。しっぽはキモチを隠せないのです。

顔の表情

→P.31へ

瞳の大きさ、耳の向き、ヒゲの向きなどが表情を読み取るポイント。キモチに変化が起きたときは瞳孔がぱっと大きくなったり、耳やヒゲがピクピクと動いています。

姿勢

→P.45へ

基本的に強気のときは体を大きく見せて相手を威圧し、弱気のときは縮こまって小さく見せます。「オレは強いんだゾ」とか、「弱いからいじめないで」などのメッセージを相手に送っているのです。

予備知識 4

キモチの表し方には個性がある

猫にはそれぞれオリジナルの「猫語」があります。あなたの猫だけの「猫語」を見つけましょう！

猫のなかで共通している「キモチの表し方」はありますが、やはり猫にも個性があります。例えば、飼い主さんにかまってもらいたいときにニャーニャーとよく鳴く猫もいれば、何も言わずにじっと見つめてくる猫、そっと体に触れてくる猫も。あなたの猫独特のキモチの表し方は、よ〜く観察していればわかるはず。「○○する前に必ず○○しているな」など、猫がよくする行動をチェックし、この本を参考にキモチを推測してみましょう。それはあなたの猫オリジナルの「猫語」。この本にオリジナルの「猫語」を加えられれば完璧です。

細谷さん家のハナ太郎くんの場合

ハナ太郎くんはウンチをする前に決まって大きな声で10回くらい鳴きます。「これからするぞ〜！」と飼い主さんに知らせているのです。

トモちゃん家のたらちゃんの場合

かまってほしいとき、飼い主さんの足におでこをぶつける感じで頭突きをします。飼い主さんもそれに応えます。

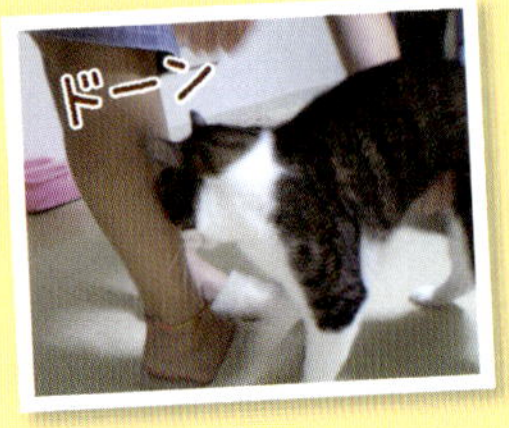

予備知識 5

キモチの表し方は変わったり増えたりすることもある

飼い主さんの反応次第で、愛猫の「猫語」が増えていったり、逆に減っていくこともあります

例えば、「かまって〜」と甘えてきた猫をずっとかまってあげなければ、やがて猫は甘えてもいいことがないと学習し、甘えてこなくなります。反対に、たまたましした行動がきっかけでごはんがもらえたなどの、猫にとって「いいこと」が起きると、「この行動をするとごはんがもらえるゾ」と覚えて、その行動を頻繁にするようになります。芸を覚える猫がいるのはこのため。このように、飼い主さんの反応や、猫にとっての「いいこと」「悪いこと」の経験がその後の猫の行動に影響を与えます。また、ほかの猫の行動をまねするようになることも。

天天さん家のユキちゃんの場合

ごはんが欲しいときに飼い主さんに「お手」をします。ごはんをあげる前にやらせていた芸が、おなかが空いたときの合図に進化したそう。

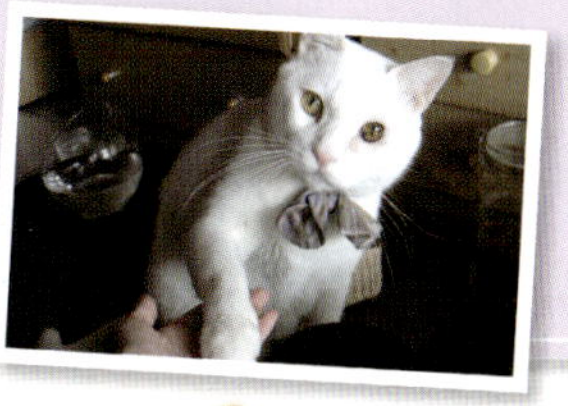

中島さん家のゴマちゃんの場合

飼い主さんの背中をバシッと叩き、すぐさま逃げます。「追いかけっこしようっ！」の合図です。

飼い主さんとの経験がキーワードニャ！

愛猫の観察日記をつけてみよう

愛猫のキモチを知るには、本に書いてあることを読むだけではダメ。行動をよ～く観察することが大切です。よ～く観察していると、くり返している行動があったり、ある行動をしたあとに必ずする行動など、漠然と見ているだけでは見えてこなかったいろいろなことに気づくはず。そのときの愛猫のキモチを、この本で得られる知識をもとに推測してみましょう。メモを残すのが面倒なら、写真を撮るだけでもOK。あとから気づくこともあります。また、ブログにしておけば、写真やメモが残るのはもちろん、周りの反応が張り合いになることも。

「うちの子しかやらない」と思っていた行動が、意外とほかの猫もやる行動だったり、逆に当たり前だと思っていた行動が珍しいものだったりすることも。

写真をたくさん保存しておくだけでも◎！

最近のデジカメは写真を撮った日付などが自動的に情報として残せるので便利。動画を残すのもおすすめ。

愛猫の思い出を記録しておくことにもなるニャ

ブログにするのもおすすめ！

ブログ「Goromaru Diary」。やんちゃなごろ兄ちゃん&はっちゃけ妹みぃみちゃんの日常を記録。

うれしいとき、
怒っているとき……etc.

顔の表情を読み取ろう

顔の表情のポイントは耳、瞳、そしてヒゲ！

瞳孔の大きさや耳の向き、ヒゲの向きが気分によって変化します！

猫の表情の変化がわかりやすいのは、まずその大きな耳。猫の耳には30もの筋肉があり、横や後ろなどさまざまな方向に向きます。音のする方向に向けるためもありますが、気分でも耳の向きは変わります。次に目立つのは大きな瞳。キモチの変化で瞳孔の大きさが変わるのです。試しに、猫と目を合わせながら、名前を呼んでみてください。その瞬間、猫の瞳孔の大きさに変化が表れるはずです。また、ヒゲも動いています。興奮すると口もとに力が入り、ヒゲが前を向くのです。主にこの3つのポイントに注目して、猫のいろいろな表情を見ていきましょう。

瞳

猫の瞳孔の大きさが周りの明るさによって変化するという話は有名ですが、キモチによっても大きさが変わります。アドレナリンが瞳孔の大きさに影響を与えるためです。

細 ◀◀◀◀◀◀◀◀◀◀▶▶▶▶▶▶▶▶▶▶ 大

気分悪い・攻撃的

気分が悪いときや、「何なら攻撃してやろうか」という攻撃的な気分のときには、瞳孔は細くなり、鋭く相手を見つめます。いざ攻撃する瞬間には興奮するので、瞳孔は大きく広がります。また、明るい場所では瞳孔は細くなります。

平静・満足

安心したキモチのときは瞳孔は中くらいの大きさで、よく見ると少しだけ大きくなったり小さくなったりをくり返しています。今の状況に満足しているしるしです。リラックスすると瞬膜（しゅんまく・目の内側の白い膜）が出ることも。

驚き・興味

何かに驚いたり怖がったり興味をもつなど、興奮状態になったときには、瞳孔が大きく広がります。これは相手をよく観察するためといわれています。また周りが暗い環境だと、光を多く取り入れるため瞳孔は大きくなります。

耳

基本的に、安心しているときは普通に前を向き、弱気になっていくほど倒れていきます。危険な状況では、大事な耳を傷つけないように、また、なるべく自分を小さく見せるために、耳を倒すのです。

倒れる ◀◀◀◀◀◀◀◀◀◀▶▶▶▶▶▶▶▶▶▶ まっすぐ

恐怖

耳が倒れていたら、恐怖の表れ。危険を感じていて、耳を傷つけられないように伏せるのです。相手に自分を小さく弱く見せるという意味も。

怒り・警戒

耳が横を向いたり後ろに反っていたら、怒りや警戒心があるとき。イヤなものを見つけてイライラしていたり、相手を攻撃するかもしれません。

平静

リラックスしたキモチのときは、耳は正面からわずかに外側を向いていて、正面から耳の裏側が少し見えています。力が入っていない状態です。

興味

耳をピンと立ててまっすぐ前に向けているときは、興味のあるものを集中して観察しているとき。正面からは耳の裏側が見えない状態です。

ヒゲ

キモチが落ち着いているときはヒゲは自然に下へ垂れています。興味があるものを見つけるとぐいっと前へ向きます。逆に、恐怖を感じると後ろへひっぱられたようになります。

下 ▲▲▲▲▼▼▼▼ 前

平静

口もとに力が入っていない状態で、ヒゲは重力に逆らわず自然に下へ垂れています。センサーであるヒゲを特に使う必要がない状態です。

興味

獲物やおもちゃ、見知らぬものなどに興味を引かれたときは、情報収集するため、センサーであるヒゲを前へ向けます。目も対象を見つめています。

予備知識
顔の表情
姿勢
しっぽ
寝姿
ポーズ
鳴き声
しぐさ

【興味津々】

気になるものを集中して観察している表情。
人間と同じで、目を見開いて相手を観察し、
耳を立てて何も聞き逃すまいという表情です。

お目々パッチリ、耳はピン！は「興味津々」の表情

興味を引かれるものや見慣れないものを見つけたときは、大きな耳をピンと立て、目を大きく見開きます。瞳孔も興奮のため広がります。人間もおもしろそうなものを見つけたときは目を見開きますが、猫も同じですね。

ヒゲもぐぐっと前へ向いています。ヒゲは敏感なセンサーの役割をする部分です。ネズミに噛みつこうとする猫のヒゲを見ると、目の前のネズミを取り囲むようにヒゲが前を向いています。ネズミが動くとヒゲに触れるため、細かな動きもとらえることができるのです。直接ヒゲが対象に触れることがなくても、興味を引かれるものが現れたときには、ヒゲは前を向きます。五感をフル活用している証拠です。

これも興味津々の表情！

斜めからの角度で、ヒゲがぐぐっと前を向いているのがわかります。瞳孔も真ん丸。

目が大きく見開かれて、真円に近いカタチに！ きょとんとしたような表情です。

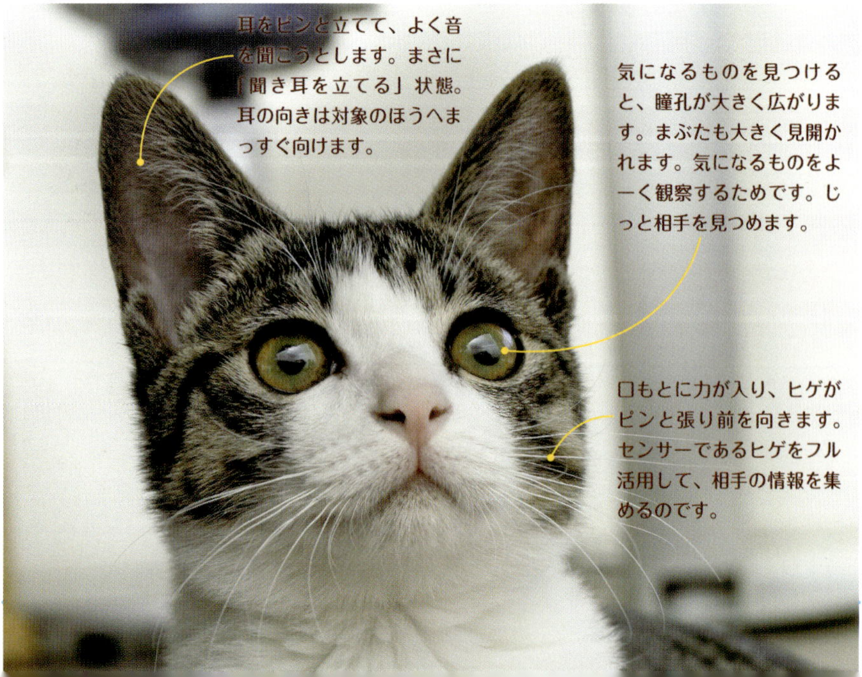
耳をピンと立てて、よく音を聞こうとします。まさに「聞き耳を立てる」状態。耳の向きは対象のほうへまっすぐ向けます。
気になるものを見つけると、瞳孔が大きく広がります。まぶたも大きく見開かれます。気になるものをよーく観察するためです。じっと相手を見つめます。
口もとに力が入り、ヒゲがピンと張り前を向きます。センサーであるヒゲをフル活用して、相手の情報を集めるのです。

【気分上々】

何の不安もない、リラックスした表情。安心しきっているため、どこにもチカラが入っていません。猫が一番幸せなときの表情です。

瞳孔は大きくもなく細くもなく、中くらいの状態。安心しているとまぶたも閉じ気味になります。トロンとしたような表情です。
耳には力が入っておらず、自然に前を向いています。安心しているので耳をそばだてる必要がありません。

リラックス中かどうかは瞳孔をチェックして

今の状況に安心＆満足しているときは、耳は自然に前を向き､瞳孔は中くらいの大きさ。よく見ると、瞳孔は少しだけ大きくなったり小さくなったりをくり返しています。この表情で見つめてくるときは、あなたを信頼し慕っている証拠。信頼関係を深めるチャンスです。ゆっくりとなでてあげたり、優しくのどをかいてあげましょう。まぶたを閉じ気味にしているときは、辺りを注意して見る必要がないということなので、よりリラックスした表情。このまま眠りに入ってしまうことも。

眠れ眠れテスト

愛猫とキモチが通じ合っているかをチェック!

1 「気分上々」の表情をしている猫と目が合ったら、目をつぶって眠ったふりをします。

2 しばらく経ったら薄目を開けて、猫をそっと観察してみて。猫が眠たそうにしていたり、実際に寝ていたら、あなたにキモチがシンクロした証拠。親しい相手だからこそシンクロするのです。

【安心・満足】

親しい相手と目が合ったときに
ゆっくりと目をつぶる表情。
安心や満足を表す表情です。

相手と目を合わせながら、ゆっくりと目を閉じます。

大好きな相手がいることに安心&満足している表情

猫と目が合ったときに、猫がゆっくりと目を閉じることはありませんか？　名前を呼ばれたときにこの表情をして、まるでまばたきで返事しているように見える子もいます。これは安心や満足を意味する表情。目をつぶるのは「周りを注意する必要がない」、つまり「敵意がない」「安心している」という意味なのです。飼い主さんや仲のいい猫など、いつもそばにいてほしい相手がそこにいることに満足しています。

現状に満足しておらず、何かを訴えたいときなどは、飼い主さんと目を合わせながら鳴くなどのアピールをします。

猫語読み取り術　上級編

【見知らぬ人とは目をそらす】

「眼（がん）をつける」という言葉がありますが、見ず知らずの人の目をじっと見つめるのは失礼にあたりますよね。猫の世界でも同じです。見知らぬ相手と目を合わせるのはケンカを売ったり買ったりする意味になります。猫が目を合わせるのは親しい相手に限ったこと。親しくない人とは普通、目をそらします。

【緊張緩和】

眠いときにするあくびではない、ストレスを感じたときのあくび。緊張やストレスを緩和させるためにします。

あくびをしても目は見開いたままのときは、緊張緩和のためのあくびである可能性大！

飼い主さんに叱られるなどの緊張した場面で、大きく口を開けてあくびをします。

叱られたときに大あくびするのは緊張しているせい

猫は眠たいときのほかに、緊張したりストレスを感じたときにもあくびをします。人間が困ったときに頭をかいたりするのと同じで、何かほかの行動によってストレスを発散しようとするのです。叱っている最中にあくびをするのはまさにコレ。「緊張感がない！」なんて、誤解しないでくださいね。この意味のあくびの場合、目を閉じないことが多いのは、安心できない状況で警戒中だからです。

眠たいときの普通のあくび。目は閉じています。

これも緊張緩和のサイン

鼻の頭をペロッとなめるのも緊張を緩和させるための行動。焦ったり、ストレスを感じています。

前足や体の横をちょこっとなめて終わる毛づくろいは、ストレス発散の毛づくろいです。

【ナンダロウ？】

首をかしげて不思議そうな表情。
見知らぬもの、気になるものをよく
見て確認しようとしている表情です。

首をかしげます。左右に何度か傾け直すことも。「?」マークが見えてきそうな表情です。
じいーっと対象を見つめています。興味があるため瞳孔は大きくなっています。

首をかしげれば見えないものがよく見える？

人間は「不思議だなあ」と思うときに首をかしげますが、猫が首をかしげるのは、気になるものをよく見ようとするとき。猫は動体視力や暗闇でものを見る力には優れているのですが、視力自体は人間の10分の1程度しかなく、止まっているものを目だけで確認するのは苦手なのです。少し離れた場所に気になるものがあるときは、顔の角度を変えて目の位置を調整し、よく見ようとします。

よく
見るための
しぐさだよ

クセはうつる？

同居している2匹が、同じ場所で同じように首をかしげています。猫はほかの猫のしぐさやクセを見てまねすることがありますから、首をかしげるクセがうつったのかもしれませんね。

【フェロモン感知中】

口を開けて目を見開き、放心したような表情。フレーメン反応と呼ばれるもので、フェロモンを嗅ごうとするときの顔です。

クンクン

口を半開きにしたままにします。上唇に力が入り、笑ったような表情に見えます。
放心したように宙を見つめます。飼い主さんの顔を見つめることも。

フェロモンかどうかを確かめています

猫には実は鼻以外にもにおいを感知する器官があります。「ヤコブソン器官」といわれるもので、口の中の口蓋《こうがい》（天井部分）にあります。普通のにおいは鼻で嗅ぎますが、異性猫のフェロモンに似たにおいを感じると、口を開け、ヤコブソン器官で確かめようとするのです。この表情は笑っているように見えたり、「クッサ〜イ」といっているような顔にも見えますが、そういうわけではなく、フェロモンかどうかを集中して確かめているのです。オスがメスのフェロモンを感じると、それに触発されて発情が起こります。似た成分が含まれているのか、人間の体臭や歯磨き粉などにフレーメン反応することもあります。

ヤコブソン器官とは？

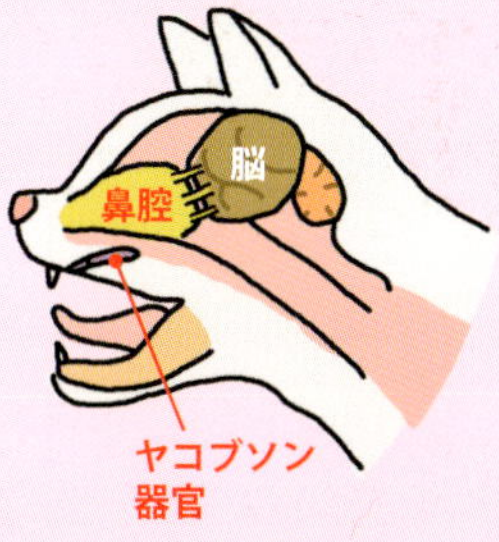
脳
鼻腔
ヤコブソン器官

鼻とは違うルートで、脳ににおいの情報を届ける器官。前歯の裏に２つ並んだ穴があり、上あごのヤコブソン器官とつながっています。ヘビなどの爬虫類にもあり、ヘビが舌をペロペロと出し入れするのは、舌でにおいをヤコブソン器官に運んでいるためといわれます。

【危険を察知】

何か危険なもの、イヤなものを見つけて警戒している表情。目を見開いてよく観察し、耳は防御のキモチが表れて横を向いています。

耳は横を向いた状態。危険に対する防御のキモチが表れています。

瞳孔は細く鋭く光ります。目を見開いて注意深く観察しています。

攻撃か、それとも逃げるか？注意深く判断中

瞳孔が細くなっているのは、「イヤだなあ」という感情の表れ。「それ以上近づいてきたら攻撃してやるぞ」というようなキモチです。目を大きく開いて相手をじっと観察します。警戒しているため、耳は横を向いた状態に。口もとなど顔全体に緊張が走っています。危険かもしれないものを注意深く観察し、逃げようか、それとも攻撃するべきか、かっとうしているところです。

左の写真より瞳孔が大きい表情。弱気になって、恐怖や防御のキモチが強くなっているところでしょう。

猫語読み取り術 上級編

【舌を出している表情】

猫が舌をペロッと出したままいることがあります。もちろんわざと出しているのではなく、しまい忘れているのです。猫の前歯はとても小さく、口を閉じていてもすき間ができやすいため、歯で噛んでもあまり痛くありません。ペルシャなど顔が扁平な猫種は、舌に対してあごが短いため特に出やすいよう。また、丹念に毛づくろいをしたあとなどは舌が疲れてしまうため、よけいにしまい忘れやすくなるようです。舌がちょこっと出ている姿、ちょっとマヌケでかわいいですよね。

【恐怖】

危険に対して緊張し、目をカッと見開いて
逃げ出すチャンスを狙います。未知の動物に遭遇したときや、
見知らぬ人間に拘束されると恐怖を感じます。

耳は伏せ気味に。完全に伏せたときは恐怖が最大のときです。
恐怖によってアドレナリンが大量分泌され、瞳孔は真ん丸に。目を大きく開けて状況を把握しようとします。

心臓はバクバク、恐怖でいっぱい！

未知なる危険に対して恐怖を感じている表情。全体的にこわばり、瞳孔は大きく丸く、耳は傷つかないように伏せ気味になります。ヒゲも後ろにぐっと引かれた状態になっています。ピンチを切り抜けるためにどんなささいなことも見逃すまいと、目を大きく開けて逃げ出すチャンスを狙っています。

猫がここまで恐怖の表情をしたときは危険。いくらなだめようとしても、そうかんたんには落ち着かず、手を出すと大ケガをしてしまう恐れも。落ち着くまでそっとしておきましょう。

猫語読み取り術 上級編

【恐怖を感じると固まる】

自然界では、動くと目立ち、敵から狙われやすくなります。じっと動かなければ「動物」と認識されないため、大きな危険に遭遇したときはじっと動かずに危険をやり過ごそうとするのが猫の本能です。

機敏なはずの猫が車にひかれてしまうのは、この習性が災いしているため。走る車を敵と認識し、動かずにやり過ごそうという本能が働くのです。放し飼いでは交通事故は避けられません。防ぐためには、室内飼いを徹底しましょう。

カチーン

【威かく】

「自分は強いんだぞ！」と相手を脅して、退けようとする表情。
実は弱気のため、耳は倒れ、腰は引けています。
いわゆる「はったり」の威かくです。

キバをむく猫も！

興奮のため瞳孔が広がります。相手をにらみつけながら威かくします。

耳が傷つかないよう完全に後ろに伏せられるため、まん丸の顔になります。

怖いから相手に自分を強く見せようとします

「シャーッ！」などという声を出しながらキバをむき、相手を威かく。いかにも強気の表情のようですが、実は弱気で、それは耳が倒れていたり腰が引けていたりすることからもわかります。これで相手が去ればひと安心。相手が去らず、にらみ合いが続くと、いよいよ戦って決着をつけなければなりません。でもケンカは互いにとってリスクが高いもの。実際のケンカをなるべく避けるため、ケンカの前のにらみ合いでカタをつけたいのが本音です。

強気の猫
相手に向かってまっすぐに体を向けます。自分を大きく見せる必要がありません。

弱気の猫
自分を大きく見せるため、相手に向かって体を横に向け、背中を弓なりにします。太いしっぽが恐怖を感じている証拠。

顔の表情が豊かなのはサル・犬・猫だけ！

表情筋が発達していて表情が豊かな動物は少なく、人を含むサル類のほかは、犬類と猫類だけ。あとの動物にはごくわずかの表情しかありません。そもそも表情とは、群れで生活する動物が、相手にキモチを伝えるために発達したもの。サルや犬は群れで生活するので、表情が豊かなのです。ではなぜ単独行動の猫にも表情があるのでしょうか？　実は、猫は基本的には単独生活ですが、ときどき集会を開くなど、ゆるい社会性があるのです。

20～100頭の群れを作るニホンザル。表情は哺乳類のなかでも多く、怒りや恐怖を表情で表します。また鳴き声も30数種あります。

野生では10数頭の群れを作り生活する犬。表情はサルほど多くありませんが、鳴き声や全身の姿勢でもキモチを伝えます。

ゆるい猫社会で表情が役立つ

のら猫たちは定期的に集会を開きます。何をするでもなく、お互いに少し離れた場所に座って過ごしているだけですが、これは大切な顔合わせなのです。いやがる相手に近づきすぎた猫は、「シャーッ」と威かくされます。このようなシーンで表情が役に立つのです。

COLUMN 閑話休題

ヘン顔・おもしろ顔　大集合！

猫が見せるさまざまな表情を集めてみました！ どれも飼い主さんが撮った写真ならではの貴重な瞬間。ぶさいくだけど、それもカワイイ‼

舌なめずりして悪人顔。右の写真と同じ子だとは思えない！

合成なんかではありません！　本物のニッコリ笑顔。目も口も、笑っているようにしか見えませんね。

こちらもベロリと舌なめずり。目がイッちゃってますね。

口にくわえた植物の茎が、なんだか葉巻みたいに見えます。ちょいワル猫!?

かわいいはずの寝顔が、白目が見えてホラー顔に〜！

顔をつまんで横にむにょーん。目が猫じゃなくなっちゃってます。おとなしくされるがままの猫が愛おしい……。

黒い紙をくっつけて八の字眉に。子どものころ、こういうイタズラよくやりました……。

大きく伸びたり、
小さく縮まったり

全身の姿勢で伝えるキモチ

キモチによってさまざま

ボディランゲージで相手にキモチを伝えます

猫のしなやかな体は、地面に四つ足をつけて立っている姿だけでも、実にさまざまなバリエーションを見せます。基本的に、猫は強気の気分のときは体を高く、弱気の気分のときは体を低くします。相手に自分を大きく見せて圧倒したり、逆に小さく見せて「わたしは弱いんだから攻撃しないで」というメッセージをボディランゲージで送っているのです。猫の間で戦いが始まりそうなとき、たいていはボディランゲージの出し合いで決着がつきます。両者とも引かないときだけ、実際の戦いが始まります。

単純に「強気」「弱気」だけでは片づけられない、強気半分・弱気半分などのときは、下半身は高く、上半身は低いという、複雑な姿勢になることもあります。人間でいえば、口では強気なことを言っていても、腰はすっかり引けているような「強がり」の状態です。前足は恐怖ですくんで動けないのに後ろ足は攻撃しようとして動くため、奇妙な“横走り”をすることも。

姿勢は遠くからでもわかるサイン。そばに寄ってこない猫のキモチも、姿勢を見れば読み取ることができます。

平静

危険な状況やイヤなものがない、安心した状態のとき。しっぽは自然に垂れ、背中はまっすぐ、耳も自然に前を向いています。

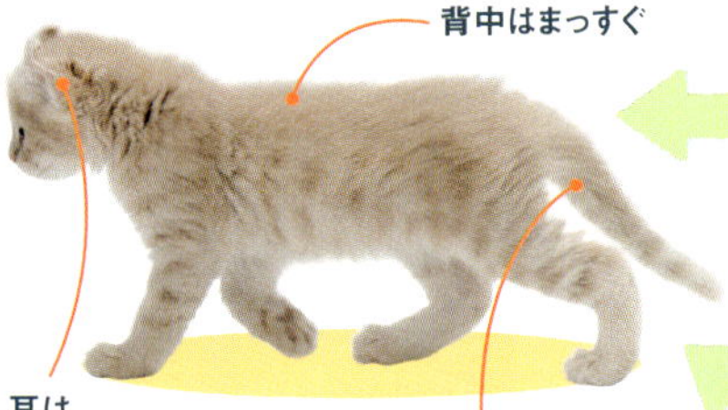
背中はまっすぐ
耳は
自然に前を向く
しっぽは
自然に垂れている

少し恐怖心が出てきている状態。相手をうかがいながら体を低くし、逃げようかどうしようか迷っているところでしょう。

恐怖 逃げたい

恐怖がひどくなるとほとんどうずくまった状態に。逃げるきっかけを探しています。

頭を引いて
低い姿勢
なるべく自分を
小さく見せる
恐怖で耳が倒れる

に姿勢が変わる

横を向いた耳と振ったしっぽが、イライラしたキモチを表しています。やっかいなヤツが現れたところでしょう。

強気の威かく

まっすぐ相手を見つめながら腰を高めに上げ、体を大きく見せます。堂々とした姿勢を見せて、相手を圧倒。耳は横を向きます。

耳が横を向く
下半身が上がる
足をまっすぐ伸ばす

危険なものに出会って、警戒し、腰が引けている状態。相手をよく観察しています。

右上の「強気の威かく」とほぼ同じ姿勢ですが、太くなったしっぽから恐怖を感じていることがわかります。

背中を少し上げていますが、下の写真ほど上半身は下がっていません。太くなったしっぽが恐怖を表しています。

体を低くして相手のようすをうかがっています。耳も伏せ気味。

相手に対してだいぶ弱気になっている状態。姿勢を低くして脅えています。

弱気の威かく

攻撃するキモチはあれど内心は脅えているため、下半身は高く、上半身は低いという複雑な姿勢。相手に対して体を横向きにするのは、なるべく体を大きく見せるためです。

上半身は低いまま、下半身をやや上げた状態。威かくするか負けを認めるか迷っています。

上半身は低い
耳は伏せている
顔だけ相手に向け体は横向き
下半身が高く上がる

COLUMN
猫語達人への道

仁義あり!? 猫のケンカのルール

ケンカは互いに激しく体力を消耗し、ケガをする危険があるのでお互いにとってマイナスです。そのため、猫はむやみにケンカをしようとはしません。無益な争いはなるべく避けるため、見知らぬ猫がいることに気づいたら、気づかないふりをして通り過ぎます。目も合わせません。ただし、発情期にメス猫を奪い合うなどのケンカは避けられません。自分の子孫を残せるかどうかの瀬戸際ですから、引けないのです。それでも、たいていは対《たい》峙《じ》したときの体格や気迫の差で「断然オレのほうが強い」「こいつには勝てないな」などと感じ、互いに勝敗が見えるので、実際の争いはナシで終わることがほとんど。どちらも力が互角だったり、互いに一歩も引かないときにのみ、戦いのゴングが鳴ります。でもそれも、相手が負けを認めるとそれ以上の攻撃はしないのですから、人間以上に「仁義ある戦い」といっても過言ではないでしょう。

ある猫たちのケンカのようす

先住猫のシロちゃんと子猫のチビちゃんのケンカのようす。本気のケンカではないですが、ケンカのしかたがわかります。

自分より大きいシロちゃんに果敢に戦いを挑むチビちゃん。

→

引こうとしないチビちゃんにシロちゃんもついに堪忍袋の緒が切れ、前足を出しました！

クロスカウンター！　ならぬ、後ろ足で立って取っ組み合い。猫パンチの応酬が続きます。

→

仰向けに倒されたチビちゃんは、猫キックでシロちゃんに反撃！　顔を蹴られたシロちゃん、痛そうです。

ふだんは　仲よし

キモチと連動して動く

しっぽはウソをつけない

【甘えたい！】

ピンと上に立てたしっぽは親愛のしるし。
このしっぽで近づいてきたら、
あなたに好意をもっている証拠です。

しっぽをまっすぐ上にピンと立てます。旗のように目印になって、離れた場所からでもよく目立ちます。

まっすぐに相手を見つめ、近づいていきます。猫は苦手な相手とは目を合わせません。目を合わせるのは親愛を感じている相手です。

「しっぽピン！」は親愛のしるし

しっぽをまっすぐ上に立てながら近づいてくるのは、相手に親愛の情を感じている証拠。これは子猫のころ、母猫に排せつ物をなめて処理してもらっていたことがもとになっています。子猫は母猫におしりをなめられるとき、しっぽを上に立てています。このポーズがやがて定着し、母猫に近づくときは自然にこのしっぽのカタチになります。母猫と同じように親しみを感じている相手には、このしっぽになるというわけです。

しっぽをピンと上に立てた姿は、まるで旗のような役割をします。移動中、母猫が子猫を見失わないよう目印になっているのです。

このように ポーズは作られる！

母猫が子猫のおしりをなめようとしています。子猫はなめてもらいやすいようにしっぽを上に立てています。

→

母猫へのキモチとこのポーズを連結して覚え、母猫のように甘えたい相手にはしっぽを立てて近づくようになります。

【遊ぼう！】

Uの字を逆さまにしたようなしっぽのカタチは、敵に対しては威かく、子猫の間では遊びに誘う意味になります。

しっぽが弧を描き、Uの字を逆さまにしたようなカタチに。興奮したようすで、あなたを見つめながらこのしっぽのカタチでいるときは、遊びたいしるし。

「いっしょに遊ぼう！」または「威かく」の意味

しっぽを逆Uの字のカタチにするのは、仲間以外の猫との間では威かくを表します。が、子猫や仲間どうしの間では、「追いかけっこして遊ぼう」という意味になります。このカタチになったしっぽを相手に見せて、遊びに誘うのです。相手が追いかけはじめると、遊びのスタート！ 飼い猫がこのしっぽをしたら、遊んであげて。

遊びのなかで追いかけられるほうはこの逆U字型のしっぽ、追いかけるほうは左ページのようにしっぽをピンと立てています。

これも「遊ぼう」サイン

目の前でゴロンと横になる

相手の目の前でゴロンと横になりおなかを見せたら、「遊ぼうよ」のキモチ。前足を動かして誘うようなしぐさも見せます（詳しくは P.102 へ）。

おもちゃをくわえて持ってくる

あなたのもとへおもちゃを持ってくるのは、ズバリ「これで遊んで」のキモチ。期待に応えて、遊んであげて。

【イライラ】

しっぽを１秒くらいの間隔で速めに振るときは、
イライラしている証拠。
こんなときは、そっとしておいて。

しっぽを左右にブンブンと速めのテンポで大きく振ります。床や壁にぶつかると音がするほど力強い振り方です。

「喜んでいる」は大間違い！ご機嫌ナナメです

犬がしっぽをブンブン振るのは喜んでいるときですが、猫の場合は意味が違います。激しくしっぽを振るのは、イライラしているとき。しっぽを床に「バン！　バン！」と叩きつけるときも同じです。イライラが募ると、噛みつくなどの攻撃に出ることも。かまったりするのはやめましょう。ただし、ゆっくりとしたテンポで振っているときは、ご機嫌は悪くありません。

左の猫が右の猫をにらみつけながら、しっぽを大きく振っています。イライラが募っているようです。

抱っこのときも イライラに注意！

ブンブン

抱っこしたときにしっぽを激しく振るのは「やめてよ！」のキモチ。解放してあげないと、暴れたり噛みつかれたりすることも。

【驚き・怒り】

何か大きな恐怖に出会い、
とても驚いたとき、一瞬でボンッと
しっぽが大きくふくらみます。

相手を威かくしようとしているときは、腰を上げて体を大きく見せます。

しっぽの毛が一瞬で逆立ち、大きくふくらみます。まるでタヌキのしっぽのようです。

大きくふくらんだしっぽは大きな驚きのしるし

予想もしていなかった場面でいきなり敵に出会ったり、突然大きな物音がしたなど、大きな驚きや怒りで極端に興奮したときには、一瞬のうちにしっぽの毛が逆立ち大きくふくらみます。毛が逆立つのは人間が鳥肌を立てるのと同じしくみで、実は全身の毛が逆立っているのですが、しっぽはほかの部分より目立つのです。毛を逆立てるのは無意識のうちですが、相手には体が大きく見え、結果的に威かくの効果が倍増します。

窓の外に何かを見つけた子猫、一瞬でしっぽがふくらみこの通り！ 子猫だっていっちょまえに威かくするのです。

猫語読み取り術 上級編

自分のしっぽを追いかけてグルグル回っているときは

ひとり遊びや退屈しのぎ、不安やストレスを紛らわすためにこのような行動をすることがあります。飼い主さんがたくさん遊んで猫の退屈な時間を減らしたり、不安の原因を取り除くことが必要です。

【恐怖】

恐怖で身がすくみ、しっぽを股の間に巻き込んだ状態。
「しっぽを巻く」とはまさにこのこと。
猫がこのしっぽになったら、そっとしておいてあげて。

耳も伏せた状態で、全身で恐怖を表しています。

しっぽを股の間に巻き込みます。腰も引けています。

しっぽを股の間に巻き込んでいなくても、体を小さくしてしっぽを体のそばに引き寄せているときは、恐怖を感じているとき。

あまりの恐怖に、まさに「しっぽを巻いた」状態

とても勝てない相手に脅されたり、状況に恐怖を感じているとき、猫はしっぽを股の間に巻き込みます。単にしっぽを下げた状態よりもさらに恐怖を感じていて、自分を小さく弱く見せることで「わたしの負け。だから攻撃しないで」というメッセージを送っています。「負けを認める、降参する」という意味の「しっぽを巻く」という言い回しは、動物のこういったしぐさから来た言葉です。また、耳を伏せるのと同じように、しっぽがなるべく傷つかないように隠すという意味もあります。

犬も同じ！！

恐怖を感じると股の間にしっぽを巻き込むのは犬も同じ。自分より強い相手に服従や和解を訴えています。

Q&A こんなしっぽはどんなキモチ？

Q 名前を呼ぶとしっぽを振るのは？

A 親猫の気分で「はいはい」といっています

猫の名前を呼んだとき、「ニャーン」と鳴いて返事することもあれば、しっぽをパタパタと振るだけのときもある……。この違いは、気分のモードの差です。飼い主さんに甘えたい「子猫モード」のときは鳴いて返事、一方「親猫モード」のときは、じゃれつく子猫を適当にあしらうような気分でしっぽだけで返事をするのです。名前を呼ばれたことはわかっていても、わざわざ鳴くのは面倒なのでしょう。

Q ほかの猫のしっぽで遊んでいるのは？

A しっぽを獲物に見立てて遊んでいるのです

猫はいろいろなものを獲物に見立てます。しっぽは獲物にうってつけの大きさ。おとな猫もそれをわかっていて、わざとしっぽを振って遊ばせることも。

Q しっぽのつけ根を叩くと喜ぶのは？

A しっぽのつけ根は猫の「性感帯」なのです

腰の辺りは猫が敏感な部分で、ポンポンと叩くと刺激があって喜ぶ猫が結構います。ただし、いやがる猫もいるので見極めて。

COLUMN
猫語達人への道

しっぽのカタチは重要なボディランゲージ

猫は、動体視力や暗闇でものを見る力には優れていますが、視力自体は実はあまりよくなく、人間の10分の1程度しかないといわれています。相手を見分ける手掛かりは主ににおいや足音ですが、目で見分けるときには、「シルエット」で見分けています。その証拠に、壁に猫のシルエットを描いた絵を貼っておくと、本物の猫と思って近づき、鼻の辺りのにおいを嗅ぎます。においを嗅いだり触ってみてはじめて、「本物の猫ではない」ということがわかるのです。

このときおもしろいのは、しっぽを上に立てたシルエットの絵だと、近づく猫が多いということ。P.50にある通り、しっぽを上に立てるのは親愛のしるし。友好的な気分の表れですから、猫は「あいつに近づいても大丈夫そうだ」と判断するのでしょう。しっぽのカタチが猫の間でいかに重要なボディランゲージであるかがわかります。遠くからでもピンと立ったしっぽは目立ち、判断しやすいボディランゲージなのです。

NEKO-GO JITEN

猫のシルエットを描いた絵を壁に貼っておくと、本物の猫と思って近づき、鼻やおしりのにおいを嗅ごうとします。

飼い主さんのシルエットが変わったら…

よく見知った飼い主さんでも、髪型や服装のせいでいつもとまったく違ったシルエットだと、見分けられないことがあります。

においも大切！

相手を見分けるのは主に嗅覚と聴覚。「お風呂上がりににおいを嗅がれることが多い」という飼い主さんの声を聞きますが、においが変わったので確かめているのです。

どんなキモチで寝ている？

寝相や寝場所に注目！

猫はそのときのキモチに合った寝姿を自然にしている

安全なら体を広げて、危険なら固く丸めて眠ります

なにげなく見える寝姿にも、そのときの猫のキモチが表れています。人間だって危険な状況では大の字になって眠れませんよね。ぎゅっと体を固くして寝ると思います。それと同じで、猫も不安なときや警戒しているときは、すぐに動けるよう足の裏を地面につけたまま眠ります。頭も地面につけるより前足の上に置いて、すぐに頭を上げられる状態にしておいたほうが便利です。反対に、安心しきっているときはおなかをさらけだした無防備な姿で眠ります。

また、寝姿には気温も関係しています。安心しているときでも寒ければ、体から熱が逃げないよう、体を丸めて眠ります。つまり、寝姿は気温とキモチの2つの要素で決まるのです（寝姿と気温の関係についてはP.60へ）。

危険

足を体の下に折りたたんで座る「香箱座《こうばこずわ》り」の状態は、すぐに立つことができないのでやや安心している状態。ただし写真は頭が高い位置にあって周りをすぐに見渡すことができる状態になっています。

危険な状況で警戒しているときは、体を丸くして身を守ります。頭も地面には直接つけず、足の上に置きます。こうすれば何か物音がしたときにさっと頭を上げて確認することができます。

かなり警戒心が解かれた状態。足を投げ出して横たわっているのは、すぐには動けない状態です。おなか丸出しで寝るまであと一歩。しいていえば、地面に頭をつけている左の猫より前足に頭を乗せた右の猫のほうが、警戒度はやや高いでしょう。

安全

警戒心ゼロの安心しきっているときは、急所であるおなかをさらけだして眠ります。すぐには起き上がれない無防備な状態。飼い猫のこんな姿を見られるのは飼い主の至福ですね。

猫語読み取り術 上級編

【寝姿と気温の関係は？】

猫が快適に感じる気温は、だいたい 15℃から 22℃の間。それ以下だと寒く感じるので、丸まって眠ることが多くなります。体の内側を一切見せないように丸まりしっぽもぐるりと体に巻けば、熱は逃げにくくなります。なかには鼻先を自分の体に突っ込んで完全に丸くなる猫も。反対に 22℃以上になると猫にとっては暑い状態。体を伸ばして放熱しやすくします。おなかをさらけだして放熱したり、くるりと丸まって温まったり。まるで温度計のような猫の寝姿です。

22℃以上

伸びる！

一直線に長〜くなって眠る猫。驚くほど長い！　おなかを冷たい床につけて涼んでいます。相当暑いのでしょう。

適温

ほどける

15〜22℃くらいの、猫にとって適温のときは、寝姿はいろいろ。アンモナイトのように丸まった寝姿は暑すぎるのでほどけます。

15℃以下

丸まる！

まるでアンモナイトのように丸まった寝姿！　顔をしっぽで覆って、防寒はバッチリです。

【箱入り寝】

箱状のものに入って眠る姿。
カゴや土鍋など、猫が入るものはさまざま。

野生のころの習性で入りたくなっちゃいます

新しい箱があると必ず入ってみたり、狭い場所に無理やり体を突っ込んで寝ていたり。こういった猫の行動は、野生のころの習性が関係しています。野生のころ、猫は木の洞《うろ》や岩穴など、自分の体がちょうど入るくらいの空間を寝床にしていました。「ちょうど入るくらい」がポイントで、大きすぎる空間では大きい敵が入ってくるかもしれず、いまいち安心できないのです。多少狭くても体の柔らかい猫なら問題なし。また、寝床はいざというときの隠れ場所にもなるので、多ければ多いほどヨシ。その習性が今でも残っていて、箱などを見つけると入り心地を確かめずにはいられないのです。

野生時代の猫は、木の洞や岩穴が寝床。そのころの習性が今の猫にも強く残っているのです。

ダンボール箱に収まってご満悦。「狭くないの？」といいたくなりますが、体全体が何かに触れているほうが猫は落ち着けるようです。

ダンボール式猫マンション。1、2階に入居者あり。それぞれ自分の体にぴったり合った部屋を選んでいるみたいです。

洗面器にぴったりハマっています。もう抜けないのではないかと思うくらいのぴったり加減です。

すごい姿勢でスヤスヤと眠っています。こんな姿勢でも眠れるからびっくりです。

透明の網ケースにむぎゅっと収まっています。そこまで無理やり入らなくても!?出たら体に跡がついていそう（笑）。

仲よしの猫はひとつの箱に無理やりいっしょに入ります。多少狭くても気にしない！

【マクラ寝】

頭を何かの上に乗せて寝る姿。
猫にマクラが必要とは聞いたことがありませんが、
この姿で眠る猫、たくさんいます。

周りをすぐに見渡せるように、頭を高い位置に置きます

猫も頭は重いもの。ちょうどよい高さに何かがあれば、乗せて眠るとラクなのです。また、この姿勢だと頭が高い位置にあるので、気になる物音などがしたとき、目を開ければ周りをすばやく確かめることができます。つまり、警戒するものがあったり、完全には安心していない状況のときに、このようにして寝ることが多いようです。

お気に入りのマクラには、自分のにおいが染み込んでいます。いつもと同じ状況で眠ることにこだわる猫は、同じマクラを使いたがります。

同居猫の体をマクラにして眠る猫。大好きな相手のにおいと温もりで安心して眠れます。

ティッシュペーパーの箱に頭を乗せて眠る猫。

猫トイレのフチに頭を乗せて眠る子猫。子猫は猫トイレで寝てしまうことも多いよう。自分のにおいがするので安心できるのでしょう。

リモコンまで猫のマクラに。あのう、チャンネル変えたいんですけど……。

【目隠し寝】

猫が前足で顔を隠しながら眠る姿。まるで人間のようなしぐさにファンも多い。または顔をうつぶせにして眠る姿。

光がまぶしくて前足でさえぎっています

明かりがついていても寝られる人と、寝られない人がいますよね。猫だって、周りが明るいと寝られないタイプがいるのです。猫の目の光の感度は人間より高いうえ、蛍光灯などの人工の光は自然界にはありませんから、さらにまぶしく感じられるのでしょう。すると前足で顔を覆ったりして目の前を暗くして眠るのです。暗い場所に移動できない、または移動が面倒なときの手段です。

「息、苦しくないの？」と心配になるほど、毛布に顔をズッポリ……。光を完全シャットアウトできる、便利なポーズです。

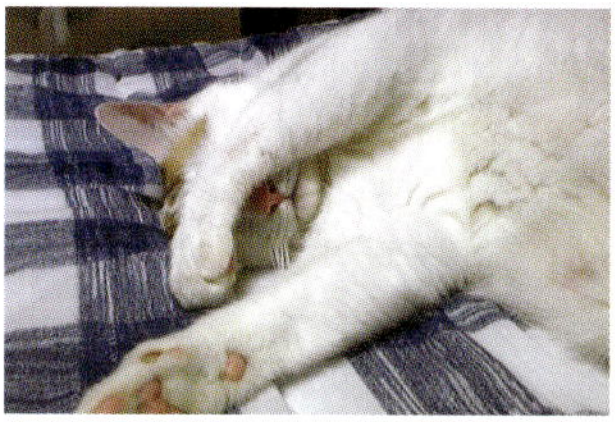

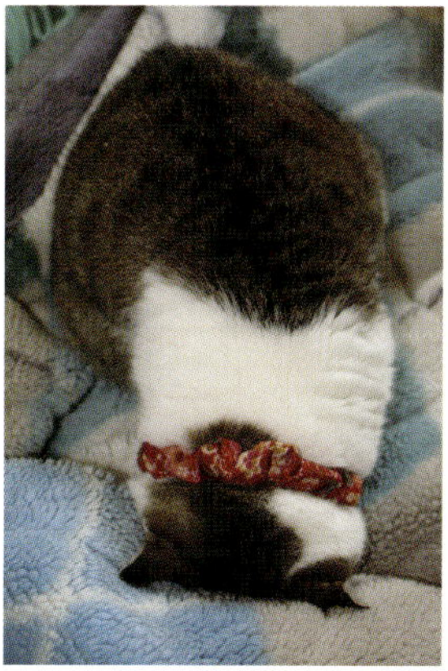

寝起きに 顔をむぎゅ〜っとすることも！

ストレッチなのか何なのか、寝起きに顔の前で前足をクロスさせて「むぎゅ〜っ」と力を入れることも。猫好きさんにはたまらないしぐさのひとつです。

【シンクロ寝】

そっくり同じポーズで寝ている
猫たちのこと。または人と飼い猫が
同じポーズで寝ていること。

仲よしだから気分が「シンクロ（同調）」しちゃう

子猫は、母猫やきょうだいなど親しい猫のまねをするクセがあります。同じように行動することで、生きるために必要なさまざまなことを覚えていくのです。そのため、まったく同じようなポーズをとったり、同じタイミングで同じ行動を始めたりします。これらは偶然ではなく、親しい間柄であるために起こった「シンクロ現象」。仲よしの証拠なのです。

おでこを合わせてごっつんこ！
左右対称の同じポーズ。息のかかる距離で寝ている、相当仲のいいきょうだいです。

踊っているみたいなポーズで仲よく眠る2匹。前足のクロスのしかたに注目！

丸まって眠る姿がそっくり。足に頭を乗せているところまでそっくりです。こちらも仲のいいきょうだい猫。

寝返りを打つポーズまでそっくり!? 鏡に映った絵みたい。仲よし同居猫のなせるワザ。

【しり向け寝】

相手におしりを向けて寝る姿。「いっしょに寝てくれるのはうれしいけど、おしりを向けるのはかんべんしてほしい」の声、多し。

嫌がらせなんてとんでもない！信頼のあかしです

おしりを向けて寝るのは信頼のあかし。子猫は母猫におしりを向けて眠るのです。前から来る危険は自分の目で確かめることができますが、後ろは難しいもの。信頼している母猫が後ろにいてくれれば、安心していられるのです。つまり、あなたは母猫のような存在。猫は自分の肛門を「汚い」とは思っていないので、あなたの目の前に肛門があっても、決して嫌がらせではないのです……。

重いなあと思って目を開けたら、目の前に猫のおしりが！ という経験はありませんか？ あなたを慕ってのことなので、叱らないでくださいね。

少し大きくなった子猫は、母猫におしりをくっつけて眠ります。無防備な背後を守ってもらうためです。

手を組んで眠る飼い主さんの上に、猫が2匹。1匹は飼い主さんの顔におしりを向けています。

互いにおしりをくっつけ合って座る猫たち。これもお互いに信頼し合っている証拠です。

爆睡中の同居猫（左）の顔に、おしりをくっつけて眠る右の猫。右の猫のほうがやはり年下です。

COLUMN

猫学入門

ペットと飼い主は似る？

関西学院大学の研究によると、飼い犬を選ぶ際、人は無意識のうちに自分に似た顔を選んでいるという調査結果があります。理由は「人は見慣れたものに好感をもつため」。この場合、見慣れたものとは自分の顔のことで、長い髪の女性は垂れ耳の犬を、短い髪の女性は立ち耳の犬を飼っている傾向があったそう。

これは猫の場合も当てはまると考えられます。ただし、猫の場合はのら猫を偶然拾って飼いはじめるケースも多いので、「選ぶ」率は犬の場合より少ないでしょう。下の写真は純血種（つまり選んだ）猫とその飼い主さんたちですが、なんとなく似ているような気がしませんか？

また、人間の夫婦がいっしょに暮らしているうちに、顔つきやしぐさ、口グセが似てくるのはよくあること。人と猫も、いっしょに暮しているとしぐさや雰囲気が似てくることがあります。ほかに、食べすぎで太り気味の人が飼っている猫は、やはりフードのあげすぎで太っていることが多いです。

ガーリーな雰囲気の飼い主さんと、優しい雰囲気のスコティッシュフォールドの猫ちゃん。

さわやかな雰囲気の飼い主さんと、キリリとやんちゃなイメージのアメリカンショートヘアの猫。ボーダー柄もおそろい!?

目力の強い飼い主さんと、大きなつり目のソマリの猫ちゃん。なんだか似てる！

おかしなポーズから推測！

ヘンなポーズが表すキモチ

【立つ】

おしりを地面につけて、背中をまっすぐに伸ばして立ち上がるポーズ。その姿はまるでプレーリードッグ？数分間立ちっぱなしでいることも。

立ち姿はなわばり意識や好奇心、警戒心の表れ

離れたところに気になるものがあったり、辺りを警戒しているときは、猫は立ち上がって目線を高くして、対象をよく観察しようとします。プレーリードッグが立ち上がるのも同じ理由。そのため、このポーズを見せるのはなわばり意識が強い子や、好奇心、警戒心が強い子です。おしりを地面につければ、猫にとってこのポーズはそれほど疲れるものではないので、数分間安定してずっと立ち続けられる子もいます。

猫の足のつくり

歩くとき地面につけているのは指先だけ。かかとや手首にあたる部分はつけません。立ち上がるときはかかとをつければ安定します。

【オヤジ座り】

まるで人間のように股を広げ足を前に投げ出し、腰を床につけた座り方。編集部がオヤジ座りと勝手に命名。

オヤジ座りを後ろから見た図。猫とわからないかも……。

野生ではまず見られない超リラックス中の座り方

猫の座り方は21ページのような、足裏をすべて地面につけた座り方が普通。このように後ろ足をおっぴろげた座り方では、何かあってもすぐには立ち上がることができません。飼い猫ならではの油断しきったポーズといえるでしょう。おなかを毛づくろいしているときにこのようなポーズをしますが、おそらくそのときにこの座り方が「案外ラク」ということに気づき、クセになったのでしょう。

オヤジ座りをするのはやはりオスが多い？

睾丸がある分、オスはこの座り方が安定しやすいのかも。確かに、このページの猫たちはみんなオス。また、体が柔らかいスコティッシュフォールドはよくこの座り方をするため、「スコ座り」と呼ばれることもあります。

【しっぽ巻きつけ】

座ったときに、まるでしっぽをマフラーのように足の周りに巻きつけるポーズ。
几帳面な性格の猫ならではのポーズです。

長いしっぽが傷つかないよう体に添わせます

長いしっぽを体から離しておくと、踏まれるなどの危険があります。特に几帳面な性格の猫はキュッと足に巻きつけるようにします。または、以前にしっぽを踏まれた痛い経験があるのかも。ちなみに警戒心の強い野生の猫は、地面ににおいをつけないように、しっぽを肛門の下に敷いて座るといわれます。

【前足開きすぎ】

普通なら体の中央に下ろされているはずの
前足が横に置かれ、後ろ足を挟む格好となったポーズ。

毛づくろいの途中で見つけた妙なポーズ

これも「オヤジ座り」(P.69) と同じく、毛づくろいの途中で見つけたポーズでしょう。猫は背中をなめるときに片方の前足を背中側（後ろ足の外側）に回す格好になりますが、そこから発展した座り方では。両方の前足を外側に置くのはなかなかキツそうですが、この猫にとっては不思議と安定する座り方なのでしょうね。

【足ブラ〜リ】

高いところで休んでいるとき、
完全に脱力して足を垂らしているポーズ。
野生時代の名残りの休み方。

野生のライオンも同じポーズで休みます

木の上で寝そべって休むライオンを見たことはありませんか？　同じように、脱力して足をブラ〜ンとさせて寝ています。猫も野生時代は木の上で休んでいました。このポーズはその名残り。ちょっと暑いので放熱しやすいこのポーズをしているのでしょう。

【前足パクリ】

前足を口に入れたポーズ。子どものおしゃぶりのような、不思議なポーズです。
あごがはずれないか心配……。

子猫のとき、前足についたお乳をなめていた名残り!?

この変わった行動をする猫はあまりいないと思いますが、右の写真の猫はこのポーズが習慣になっているようです。推測するに、子猫は母猫のお乳を飲むとき前足でもみながら飲みますが、そのときに前足についたお乳をなめていた経験があるのでは。子猫時代の行動は習慣として残りやすいのです。

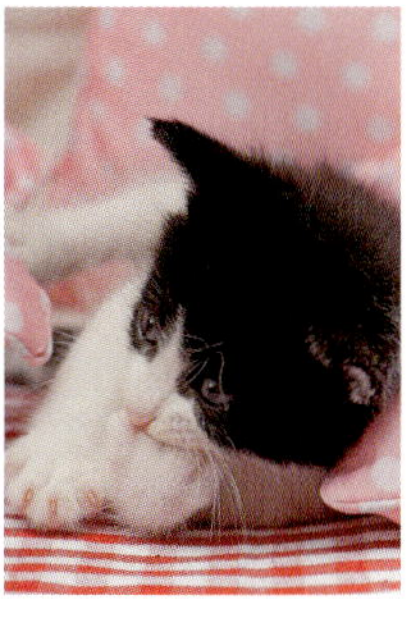

前足を口でくわえる子猫。猫は毛づくろいの最中、爪を噛んでお手入れすることがあります。この行動が変化したものなのかも？

【片前足上げ】

前足を片方だけちょこっと上げて
止まったポーズ。
何のために上げているの？

この場から逃げ出すか、それともちょっかいを出すか？

前足を上げているのは、何か危険なものに気づいて逃げだそうかどうしようか迷っているとき。視線は注意深く対象を見つめ、状況に変化があればぱっと走って逃げ出します。その一歩目が上げている前足というわけです。または、猫パンチを出そうかどうしようか迷っているところでしょう。

【逆さ見】

キャットタワーの穴から顔を出し、逆さまに景色を見るポーズ。
ほかに、床に仰向けになって景色を見たりすることも。

逆さに見ると別の世界のように見えておもしろい

人間の子どもが自分の股の間から向こう側を覗いて遊ぶことがありますが、これはそれと同じようなもの。逆さに見ると知っている場所が知らない場所のように見えておもしろいのです。つまりこれは「別の世界ごっこ」。タワーの台の穴から下に降りるときにこの遊びを発見したのでしょう。猫は人間の子どもと同じように、想像力を使った「つもり遊び」をするのです。

【肩抱き】

男性が女性にやるように、
別の猫の肩に前足をかけて抱くようなポーズ。
恋人のような間柄に見えますが、はたして？

強い猫が支配したい猫の肩を抱く!?

仲のよい同居猫の間でしばしば見られるこのポーズ。もちろん仲のいい証拠ではあるのですが、それだけではなさそうです。前足を相手の肩に乗せるのは、無意識に相手の体を押さえ込もうとするキモチ。強い猫は弱い猫に対して全身を押さえ込む「マウンティング」をしますが、この場合も肩に前足をかけている猫のほうが立場的に強いのでしょう。前足をかけられたほうの猫はすぐには動けませんから、相手に対して弱い立場であることを認めています。人間でいえば「こいつはオレの女だ。手を出すな」という感じでしょうか!?

おとな猫が、子猫の肩を抱いています。おとな猫の目が「こいつはオレのもの」と語っているような気がするのは気のせい？

この子たちの場合は単に寄り添って寝ていて、行き場のない片方の前足が乗っかっただけみたいですね。仲睦まじい光景です！

“ごますり”で頬ずりすることもある

頬ずりしあうのは仲よしの証拠。ですが、ボス猫に劣位の猫がごますりのために頬ずりすることも。猫の関係は一見しただけではわかりませんね。

ラブラブな白猫（オス）と黒猫（メス）。やっぱりオスのほうが肩を抱くことが多い？

COLUMN
猫学入門

猫の体はどうして伸びる？

猫が驚くほど長～く伸びていること、ありますよね。それは目の錯覚などではなく、実際に体長が伸びているのです。動物の骨と骨は関節でつながっていますが、猫の関節は柔軟性に優れていて、ひとつひとつをゴムのように伸ばすことができます。背骨のすべての関節が伸びると、ふだんの体長より2、3割も長くなれるのです！　愛猫が伸びているときの体長（頭からしっぽのつけ根まで）を測り、普通の状態のときと比べてみましょう。

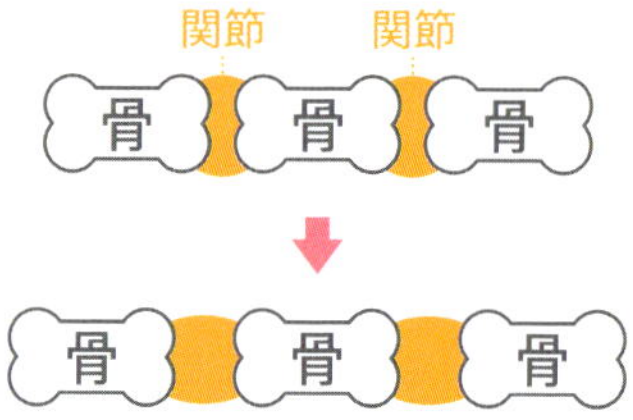
関節　関節
骨　骨　骨
骨　骨　骨

ふだんは0.5㎜くらいの関節が、伸びると1㎝になることも！

after
before
1.3倍

ふだん縮めている後ろ足の筋肉を一気に伸ばして大ジャンプ！猫のジャンプ力は体の柔軟性と筋肉の強さがなせるワザです。

「伸び」をするとき、背中がこんなに湾曲するのも、背骨の関節が柔らかいためです。

PHOTO STORY 2

でぶ猫のつぶやき

拝啓、
今日もお肉が
重いです――

足がしびれるって
言われます

ナマコじゃありませんよ

座布団でもないです

新聞は読ませませんよ

バラ色の
夢を見ます

座っているのは
得意です

なるべく
動きたくないです

撮影しやすいって
言われます

お帰りなさい。
ゴハン、お願いします。
敬具

ニャオ、ゴロゴロ、
ケケケケ…etc.

キモチを伝える
鳴き声いろいろ

鳴いたときの状況も含めて キモチを見極めることが大切

猫の鳴き声の意味は大きく分けて２つ！

飼い猫があなたに向かってよく鳴くなら、「この子のいっていることがわかればいいのに」と思うでしょう。いつ鳴いたか、どんな鳴き声で鳴いたかは、キモチを知る手掛かりのひとつです。

猫の鳴き声の意味は、大きく分けて2つ。自分の子どもやきょうだいなど、親しい相手に向かって「こっちへおいで！」などのように呼びかける声と、見知らぬ相手や敵と見なした相手に対して「あっちへ行け！」と、その相手を遠ざけようとする声です。母親のように思っている相手には甘える意味の鳴き声を、危険な人物には威かくの鳴き声を発します。

ここでは、猫の鳴き声をひとつひとつ解説していきます。ただし、すべての猫が同じ鳴き方をするわけではありませんし、同じ鳴き方でもどんな状況で鳴いたかによって意味は違ってきます。猫が鳴いた状況をよく観察して、キモチを見極めることが大切です。

愛猫の鳴きグセはあなたの影響!?

野生では、猫はおとなになるとあまり鳴きません。猫は野生では基本的に単独で生活するので、ひとりでいるときに鳴いてもあまりいいことがないからです。むしろ敵に見つかる危険を高めます。

ですが飼い猫の場合、鳴けば飼い主さんが相手をしてくれて、何らかの“いいこと”が起きる可能性があります。そのため飼い猫はおとなになってもよく鳴きます。飼い猫が鳴くのは、飼い主さんとのコミュニケーションが影響しているのです。飼い主さんとの暮らしのなかで、その猫独特の「鳴きグセ」もできます。

相手に呼びかける声

【ニャオ】 P.84
【ゴロゴロ】 P.86
【ニャッ】 P.88

親子やきょうだいの間で親しみをもって相手に呼びかけます

「こっちへ来て」と相手を呼んだり、安心や満足のキモチを伝えたりします。親しい相手と出会ったとき、「オッス」のような意味で、鳴いてあいさつを交わすことも。甘えるような柔らかい声です。

相手を遠ざける声

【シャー！】
【ミャ〜オ〜】 P.92
【ギャアア！】 P.93

すごんだ鳴き声で相手を威かくして遠ざけようとします

敵と認識した相手に、「こっちへ来るな！」「それ以上近づいたら、容赦しないぞ！」というような意味で鳴きます。強気の場合と弱気の場合と両方あり、それぞれ姿勢や表情で見分けられます。

子猫は自分の親の声をハッキリ聞き分けられる！

親子はよく鳴き合って互いを確認します。子猫は鳴いて母猫に自分の位置を知らせますし、母猫は鳴いて子猫を呼び寄せます。たとえ複数の親子が同じ場所にいたとしても、自分の親や子どもの声を聞き間違えることは基本的にありません。ペンギンは数百匹の群れのなかから、たった１匹の自分の子どもを鳴き声で見つけることができますが、それに劣らぬ優れた聴覚が猫にもあるといわれています。子猫は生まれて４週目くらいには、親やきょうだいの声をハッキリ聞き分けられるようになるといわれています。それが生きる術なのです。

【ニャオ】

猫のもっともポピュラーな鳴き方。
高く鳴いたり、長〜く伸ばしたり、抑揚をつけたり、
バリエーションはとても豊富。

もともとは子猫が母猫に向かって発する鳴き声

猫の鳴き声といえば、何を思い浮かべますか？　人によって「ニャー」「ニャオ」「ミャア」など多少の違いはありますが、要するにもっともポピュラーな猫の鳴き方がこれ。もともとは、子猫が母猫に向かって「寒いよー」「おなか空いたよー」など何かを訴えるときの鳴き声です。

野生ではおとなになると、自然とあまり鳴かなくなりますが、飼い猫の場合、飼い主さんを母猫のように思って、いつまでも子猫のような気分でいるため、このように鳴くことが多いのです。

飼い主さんへのおねだりや何かを主張するための声

もともとは子猫の鳴き声だったこの声は、飼い主さんとの関わりのなかでさまざまな意味をもつようになってきました。「おなか空いた」「遊んで」「外に出して」「ここを開けて」など、飼い主さんにさまざまな要求や主張をするために鳴くようになったのです。実際に鳴いたときに、飼い主さんがごはんをあげたりドアを開けるなどの、猫の要求通りの行動をとると、猫は「鳴けばいいんだ」と覚えてますます「ニャオ」と鳴くようになります。そのため飼い猫はよく鳴くのです。

猫のおねだり「ニャオ」いろんなシチュエーション

フード皿の前で「ニャオ」

明らかに、「ごはんちょうだい」と主張しています。ごはんの時間を過ぎているのなら、すぐにあげましょう。そうでないときにあげてしまうのは考えもの。「鳴けばもらえる」と覚えて、その後もしつこくねだるようになってしまいます。

しっぽを立てて近づきながら「ニャオ」

しっぽをピンと立てて近づいてくるのは、あなたを母猫のように甘えて慕っているしるし！　そんなときは十分にかわいがってあげましょう。猫との絆が深まります。

水道の蛇口の前で「ニャオ」

「水を飲みたいから出して」と要求しているのでしょう。お皿に入れた水でなく、流れる水を好む猫は多いものです。水をたくさん飲むのは健康によいことなので、要求にはなるべく応えてあげるといいでしょう。

ドアや窓の前で「ニャオ」

「外に出たいよ。開けてよ」と要求しているのでしょう。特に一度でも屋外を体験した猫は外に出たがるようになります。でも、外は交通事故などの危険がいっぱい。無視していれば、そのうち猫もあきらめます。

困ったおねだりに応えていると、とんでもないことに!?

「遊んでよ」「かまってよ」という害のないおねだりにはできるだけ応えて、猫との絆を深めたいもの。ただし、「もっとごはんちょうだい」などの困ったおねだりには頑として応えないことが大切です。かわいい声でねだられるとついあげたくなってしまいますが、必要以上の食事量は猫の健康を壊すことをよく理解して。また、「早朝に起こされてごはんをねだられる」というような場合も、根負けしてはダメ。「こうすればもらえる」と猫が覚えて、毎朝くり返し起こされることになります。何度ねだっても応えてくれないことがわかれば、猫もあきらめます。猫と人がいっしょに快適に暮らすために、困ったおねだりには応えないようにしましょう。

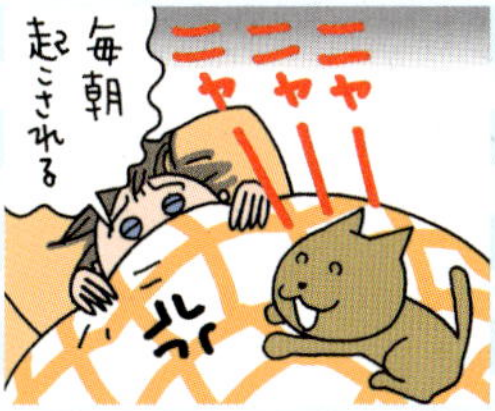

【ゴロゴロ】

のどを鳴らす音。うるさいくらい大きな音から、耳を澄ましてやっと聞こえるくらいの小さな音まで、猫によって音の大小に差があります。

もともとは子猫が母猫に満足を伝えるための音

子猫は、満足感や安心感を感じているとき、のどをゴロゴロと鳴らしてそれを母猫に伝えます。いわばゴロゴロの音は「元気だよ」のサイン。母猫はそれを聞いて「この子は大丈夫。元気に育っているわ」と安心するのです。この音なら、母猫のお乳を飲んでいる最中で口がふさがっていたり、おなかいっぱいで眠りかけていても鳴らせるので、とっても便利なのです。

ゴロゴロゴロ…

おとなになってさまざまな意味をもつように

もともとは「元気だよ」のサインであるゴロゴロの音は、おとなになるにつれ、さまざまな意味をもつようになります。のどをかいてあげたときなどにゴロゴロいうのは、子猫のころと同じ“満足”の意味ですが、それ以外にも「ごはんちょうだい」「遊んで」「かまってよ」などのおねだりのときにも、ゴロゴロということもあるのです。

不思議なのは、具合が悪いときにもゴロゴロいうこと。はっきりとした理由はわかっていませんが、ゴロゴロとのどを鳴らして自分を安心させようとしているのかもしれません。「ゴロゴロ＝満足」と安易に判断はできないようです。

ゴロゴロの音はどうやって出している？

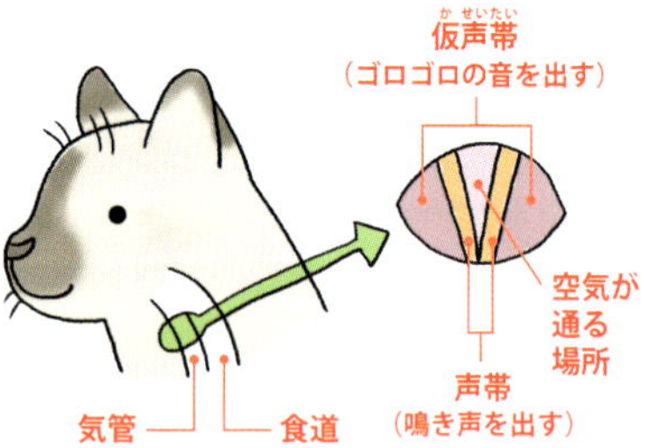
仮声帯《かせいたい》
（ゴロゴロの音を出す）
空気が通る場所
声帯
（鳴き声を出す）
気管
食道

猫がどうやってのどを鳴らしているかは諸説あり、いまだに明らかではありませんが、有力なのは次の説です。声はのどにある「声帯」と呼ばれるひだが震えることで出ます。この声帯より外側にある「仮声帯」が震えることで、ゴロゴロの音が出ます。声帯と仮声帯は別々に震えて音を出せるため、猫は鳴き声とゴロゴロ音を同時に出せるというわけです。

「ゴロゴロ」のいろんなひみつ

鳴きながら「ゴロゴロ」いうときのキモチは？

「ニャオ」と鳴きながらゴロゴロとのどを鳴らす猫がいます。これは何かを要求しているとき。P.84～の、おねだり「ニャオ」が、さらに強まったかたちです。こうしたときは陶酔や興奮をともなっていることが多いので、そのまま猫の興奮が高まると、勢いあまって飛びかかられてしまうおそれも!?

ライオンやトラも「ゴロゴロ」いうの？

ライオンやトラも同じネコ科の動物ですが、ゴロゴロいえるのでしょうか？　まずライオンは、猫と同じようにのどを鳴らせるそうです。その音はとても大きいとか。一方トラはゴロゴロとはいわず、満足を表すときには「フフフフ」という独特の音を出すとか。いったいどんな音なのでしょうね？

体を治療する効果がある!?

「猫のゴロゴロ音には、骨折を治療し、骨を強化する効果がある」という驚きの説があります。アメリカのとある研究所が発表した仮説で、猫のゴロゴロ音は20～50ヘルツで、この振動は骨の密度を高くしたり、骨折を治療する効果がある、というのです。

実際に、骨にこの周波数の振動を与えて骨折を治療する方法もあり、スポーツ選手などには使われているといいます。また、ゴロゴロは骨折だけでなく、呼吸困難を和らげる効果もあるという説も。もしこの説が本当なら、具合の悪いときに猫がゴロゴロいうことも、「自らを治療するため」と説明ができます。野生でひとりで生きてきた猫は、自らを治療する能力を発達させたという仮説も……真相はいかに!?

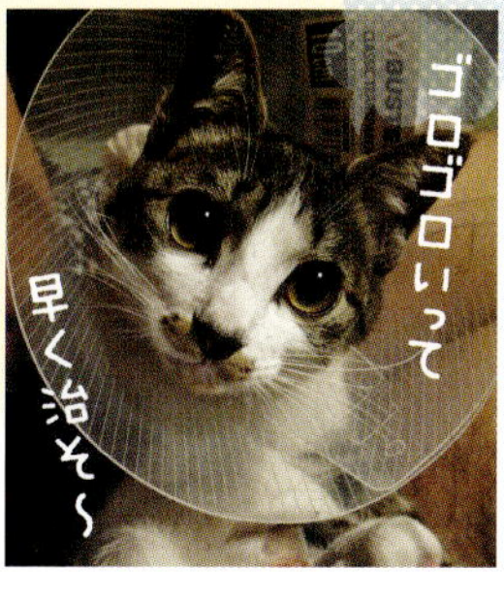

【ニャッ】

短く軽い鳴き方。猫どうしや、飼い主さんに対してもこのように鳴きます。のら猫が人間に対して鳴くことも。

人間でいえば「オッス」。軽く鳴いて相手にあいさつ

もともとは、猫は鳴いてあいさつする習性はありませんでした。猫どうしのあいさつは、基本的に鼻をくっつけるなどのボディランゲージです。それが鳴くようになったのは、人間との暮らしの影響。人間に対しては、ボディランゲージよりも声で主張するほうが気を引きやすいため、鳴いてあいさつするようになったのです。また、複数の猫がひとつの家で暮らしている場合、野生の場合よりなわばりは狭いもの。限られたスペースの中でうまくやっていくために、野生にはないコミュニケーション手段として「鳴いてあいさつ」が生まれたのでしょう。

よく鳴く猫、あまり鳴かない猫

猫種によって、よく鳴いたり、あまり鳴かなかったり。鳴き声の大きさにも違いがあります。その一部をご紹介。

nya
nya
nya

よく鳴く猫種

シャム
細い体のわりに鳴き声が大きめの猫種。明るく活発な性格で、高めの声でよく鳴きます。

ベンガル
人間に向かってよく鳴く、いわゆる“おしゃべり猫”。いろいろな高さの声で鳴きます。

あまり鳴かない猫種

ペルシャ
おっとり穏やかな子が多く、鳴き声も控えめ。一説によるとペルシャはもっともおとなしい猫だとか。

ロシアンブルー
“ボイスレスキャット”とも呼ばれるほど声が小さく、おとなになるとあまり鳴かない猫です。

エキゾチックショートヘア
“ペルシャの短毛バージョン”であるこの猫種は、鳴き声もやはり小さめ。性格ものんびり、おっとり。

ヒマラヤン
ヒマラヤンはペルシャと同じタイプの体型で、鳴き声も同じく控えめのようです。性格もおとなしめ。

【ケケケケ】

あごを細かく開閉しながら、
歯をカチカチ鳴らすような不思議な鳴き声。
何かを凝視しながらこの声で鳴きます。

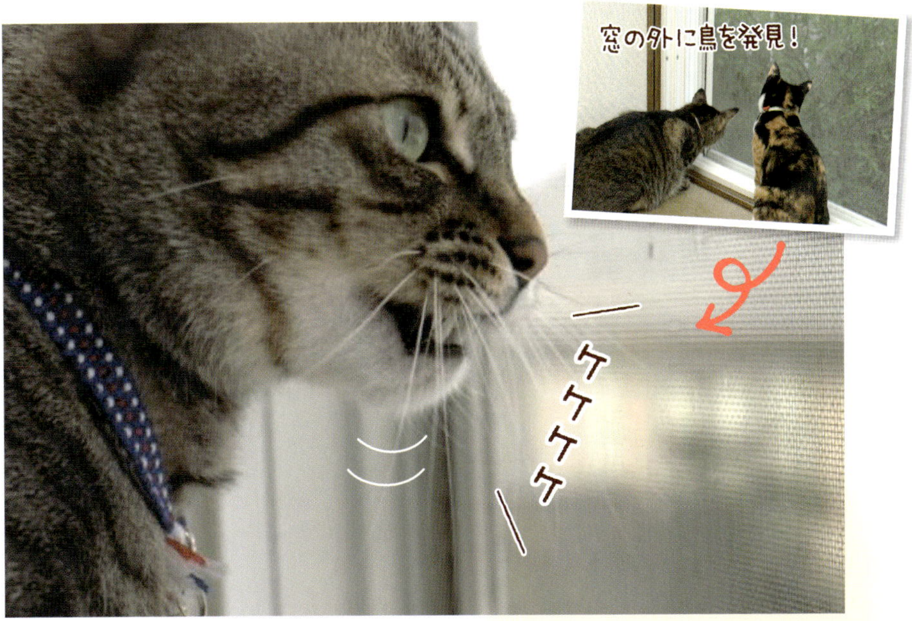

獲物を捕まえられない〝かっとう〟が原因?

この鳴き声は聞いた人によって「ケケケケ」「カカカカ」「キャキャキャキャ」とか、「犬みたいな鳴き声」など、さまざまな表現をされます。ふだん聞き慣れない声なので、聞いた人は不思議に思っていることでしょう。

この声で鳴いているときはたいてい、窓の外を見ています。窓の外には、小鳥などの小動物がいるはず。猫はそれをじっと見ています。でも見ているだけで、実際には捕まえられません。そんなとき、この声が出ます。

有力な説としては、「捕まえたいのに捕まえられない」などの“かっとう”を感じているとき、この変わった鳴き声を出すとか。また、頭の中で獲物に飛びかかって噛みついているところを想像しているため、歯をカチカチ鳴らすような音になる、という説も。遊びたいのにおもちゃを片づけられてしまったときなどに、この声で鳴く猫もいるようです。

ミャ〜（聴こえない鳴き声）

飼い主さんのほうを向いて、
鳴いているような感じで口を開けるが
声が出ていない、無音の鳴き声。

実は"超音波"で鳴いた"超"甘え声かも!?

猫は、人間には聴こえない高い周波数（超音波）で鳴くことができるといわれています。この声で鳴くことが多いのは、生まれて間もない子猫。何か危険なことが起きたときなど、超音波で鳴いて母猫に知らせるのです。つまり、あなたに向かって鳴いているような感じで口を開けるのは、あなたを母猫のように思っている証拠。人間には聴こえないだけで、猫はちゃんと鳴き声を出しているのです。こんなときは親代わりになって、思いっきりかわいがってあげましょう。

非常時にも有効な超音波の鳴き声

母猫からはぐれてしまったときなどに、子猫は鳴いて危険を知らせますが、超音波で鳴けば猫にはハッキリと伝わるため、母猫はすばやく察知して子猫を助けに行くことができます。いわば超音波の声は子猫の非常時用ブザーなのです。

超音波も聴き取る猫の聴力

猫は、人には聴こえない高い周波数の音（超音波）を聴くことができます。人が聴くことができるのは20000ヘルツくらいまでですが、猫はそれをはるかにしのぐ60000ヘルツの音まで聴くことができるといわれています。犬は38000ヘルツまでの音を聴くことができますが、猫のほうが断然高い音を聴くことができるのです。猫の獲物であるネズミは、20000～90000ヘルツという超音波の鳴き声を出しますが、猫の耳はネズミの声をとらえやすいようにできているのです。

【フ～（ため息）】

鼻から大きく息を出す音。人間と同じため息のようですが、鼻から出すところが人間と違うところです。

悩み事のため息ではなく、集中や緊張をしていた証拠

「フー」とため息をつかれると、「何か悩み事でもあるの？」と心配してしまいますよね。でも安心してください。猫のため息は悩み事が原因ではありません。人間も、何かに集中しているときは息を詰め、緊張が解けると息を吐きますが、猫のため息はそれと同じ。見慣れないものを観察しているときなどに息を詰め、「安全だ」とわかると、詰めていた息を一気に吐き出すので「フー」という音が出るというわけ。

ただ、飼い主さんが猫に何かをしたあとに、猫が「フー」とため息をついたら……。飼い主さんの行動に緊張を覚えているということなので、猫への行いを反省したほうがいいかもしれません。

⚠ 猫が口で呼吸をしていたらキケン！

ため息も鼻ですることからもわかるように、猫は普通、口で呼吸することはありません。クシャミだって、口を開いてすることはなく、鼻でします。動物が口を開けてハアハアと呼吸することを「パンチング呼吸」といいますが、猫がパンチング呼吸をするのは運動しすぎて息が切れているときか、病気で具合の悪いとき。運動もしていないのに口を開けて苦しそうに呼吸をしているのは、病気の可能性大です。肺炎や膿胸《のうきょう》、中毒、心疾患、熱中症など、深刻な病気の可能性もあるので、すぐに病院に連れて行きましょう。

【シャー！】

口を大きく開けてキバをむき、
のどの奥から息を出すような鳴き方。

相手に向かって威かくするときの鳴き声

この声は相手を威かくして、遠ざけようとする声。「近づくな！」「近づいたら攻撃するぞ！　オレは強いんだぞ！」と相手に警告しているのです。同じ威かくでも強気の場合と弱気の場合とがあり、強気の威かくは堂々とした姿勢であるのに対し、弱気の威かくは腰が引けていたり耳が倒れていたりします。自信のある威かくか、虚勢の威かくかの違いです。

生まれて間もない子猫でも、この声を出して威かくすることがあり、本能的な行動といえます。

【ミャ〜オ〜】

ケンカの場面でお互いに対峙しながら
出す、うなるような鳴き声。

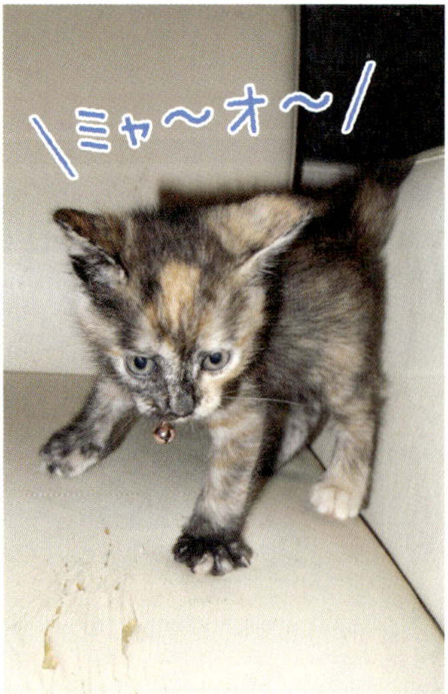

相手を威かくし、ケンカに勢いをつけるための鳴き声

上の「シャー！」という鳴き声を出してもお互いに引かず、にらみ合ったままいよいよケンカになりそうなとき、このような声で相手を威かくします。緊張感のある、うなるような長い鳴き声で、声の高さは高くなったり、低くなったり。人間風にいえば、「やるかあ〜、やんのかあ〜」のような感じです。これから始まるケンカに勢いをつけているのです。

いざケンカが始まると、この鳴き声だけではなく、かん高く鋭い鳴き声もあげながら戦います。

【ギャアア！】

かん高く鋭い叫び声。ケンカの最中に
噛みつかれたときなどに発します。

激しい痛みや恐怖を大声で鳴いて相手に訴えます

ケンカの最中に相手に噛みつかれたり、人間にしっぽを踏まれたりなど、激しい苦痛や恐怖を感じたときに、大声で鳴いて相手に「やめてよ！」「痛いよ！」と訴えます。思わず耳をふさぎたくなるような鋭い鳴き声です。

交尾が終わったときのメス猫も、この叫び声をあげます。オス猫のペニスには棘《とげ》があり、ペニスを抜く際に痛みが生じるためといわれます。あまりの痛みにメスがオスにパンチをくらわせたりもします。

【ナ〜オ】

発情期特有の鳴き声。
辺りに響く大きな声で、延々と鳴きます。

異性を探し求めて大声で鳴きながら歩き回ります

猫は発情期を迎えると、大きな声で鳴きながら異性を探し求めます。年に数回ある猫の発情期のうち、２月ごろがもっとも大きい発情期で、この時期を表す「猫の恋」という季語があるほど。人間にはオスもメスも似たような声に聞こえますが、猫どうしは鳴き声によってオスメスの違いがわかります。オスはメスの声を聞きつけるとメスのもとへ集まり、１匹のメスに複数のオスが群がることも。そうなると、メスを奪い合うためのケンカの始まりです。

【チッ】

獲物に飛びかかるときの興奮で思わず音が出ます

獲物を見つけたときや、おもちゃを獲物に見立てて攻撃をしかけるとき、鼻を鳴らす音がこれ。舌打ちのような、またはつばを吐くような音で、「チッ」とか「ペッ」と聞こえます。猫のキモチとしては「よっしゃ、やるぞ！」という感じ。興奮が思わず声に出てしまったのです。相手に向かって発した音ではなく、「ひとりごと」のようなものです。

【ヴァッ】

ドスのきいた声で相手に警告を発します

ドスのきいた低めの声で、短く鳴きます。犬の鳴き声にも似たこの声は、相手に警告を発する声。自分のなわばりに見知らぬ侵入者があったときなどに、この声を出します。キモチとしては「おいっ」という感じ。

【ンギャッ】

ついに獲物を見つけた興奮で思わず声が出ます

獲物を探していて、ついに見つけたとき、思わずこのような声を出します。キモチとしては、「いたっ！」「見つけたっ！」という感じ。興奮が思わず声に出たのです。その後、獲物に飛びかかるチャンスをじっと狙いはじめます。

うちの猫はほとんど鳴きません。これって変？

よく鳴くのは、子猫気分を多く残している証拠。あまり鳴かないのは、その子は精神的におとなっぽいということなのでしょう。その子の個性であって、おかしなことではありません。例えば飼い主さんと遊びたいときに、鳴いて甘えてくる猫もいれば、じっと見つめているだけの猫、おもちゃをくわえて運んでくる猫など、表現のしかたはさまざまです。あまり鳴かない猫は特に、しっぽや顔の表情など、鳴き声以外のいろいろな部分でキモチを読み取ってあげましょう。

猫は人の言葉を どれくらい理解しているの？

猫は当然、人の言葉を理解できない……わけではありません！　少しくらいなら、人の言葉を覚えることができるのです。はたして、どれくらいならわかるのでしょうか？

名前や「ごはん」などの単語は覚えられます

犬は人の言葉を80種類くらいは理解できるといわれています。猫の知能は犬と同じくらいなので、猫も同じくらい言葉を理解できると推測できます。

猫が覚えやすい言葉は、自分にとって「よいことが起きる言葉」や「悪いことが起きる言葉」。例えば、ごはんをあげる（よいことが起きる）ときに毎回「ごはん」と飼い主さんがいってあげていれば、「ごはん」の言葉の意味を覚えます。逆に、猫を怒る（悪いことが起きる）ときに毎回「コラッ！」といっていれば、「コラッ！」という言葉を聞いただけで怒られると察し、逃げ出すようになるでしょう。

自分の名前も覚えます。自分に向かって発せられることが多い言葉なので、自然と「自分と関係のある言葉だ」と覚えるのでしょう。「ミーコ、ごはんだよ」などのように、名前と「よいことが起きる言葉」をセットで使っていれば、なおさらです。

家族どうしで「お母さん」「ヨウコ」などと呼び合っていれば、「あの人は『ヨウコ』なんだ」というように、人の名前や呼称を覚えることもあります。

言葉は、あくまで「音声」として認識しています

ただし、猫は言葉を「いつもの調子」でいってくれないと、理解できません。イントネーションやアクセントを変えたり、いつもは優しくいっている言葉を怖い感じでいうなど、雰囲気を変えたりすると同じ言葉だとは理解できず、反応しないことがあります。ふだん猫に話しかけていない人がいっても、声やイントネーションの違いなどから、伝わらないことがあります。

似たような言葉だと、猫には違いがわかりません。多頭飼いで名前をつけるときは、「ミーコ（MIKO）」「サクラ（SAKURA）」などのように、最後の音の母音を変えると猫には覚えやすいです。

Q&A ニャオ〜

こんな鳴き方はどんなキモチ？

Q 猫に話しかけると鳴いてあいづちをうってくれますが？

A 返事はするけど残念ながら話の内容は？

それでね〜
そのときね〜
ニャッ
ニャッ
ニャッ
ニャッ

名前を呼ばれると鳴いて返事をする猫がいますが、これはその変化球バージョン。飼い主さんから話しかけられている間、猫は何度も「ニャッ」と鳴いて返事をしているだけです。当然、話の内容なんてわかっちゃいません。ためしに難しい政治経済の話でも振ってみてください。猫はそれでも「ニャッ」というはずです。それを「あいづち」といってよいのかどうかは微妙ですが、飼い主さんの呼びかけに猫が返事をするのは、飼い主さんを母猫のように慕っている証拠。話の内容は理解できなくても、返事をしてくれるだけで十分うれしいじゃありませんか？

Q わたしが外出するときや帰宅したとき、たくさん鳴きます

A 「おかえり！」の意味とは微妙に違うよう？

ニャー
ニャー
ニャー

帰ってきたときに「ニャーン」と鳴かれると、「おかえりなさーい」と自分を歓迎してくれているのだと思ってしまいますが、これは実は、子猫が母猫に自分の居場所を知らせているキモチ。飼い主さんの顔を見たとたんに子猫モードになり、「わたしはここにいるよ〜」と訴えているのです。あるいは、「おなか空いたよ！」などの意味の場合も（笑）。「おかえり」とは微妙に違うようです。また、飼い主さんが出かけるときに猫が鳴くのを「行ってほしくない」の意味にとらえて悩んでしまう飼い主さんもいるようですが、心配ご無用。猫はあなたが出かけたとたん、あなたのことなどコロッと忘れて、昼寝したり遊んだりして過ごしています。気がねなく出かけましょう。

Q わたしがクシャミをすると必ず鳴きますが？

A ふだんあまり耳にしない大きな音にびっくりして警戒の意味で鳴いています

家の中は猫にとって落ち着ける安全な場所。おなか丸出しの警戒心ゼロの状態で寝ていたりもします。そこに突然、「ハックショーン！」という大きな音が鳴り響いたら、猫だって驚きます。「何事ッ!?」「いきなり驚かすなよッ！」といったキモチで鳴くのでしょう。

そもそも、猫は口を大きく開けてクシャミなんてしませんから（P.91参照）、それが人間のクシャミであることすら理解できていないかもしれません。「いつもは静かなアイツから、突然得体の知れない大きな音が出たッ！」くらいに思っているのかも。また、大きな破裂音である人間のクシャミは、猫にとっては犬の「ワン！」という吠え声にも似て聞こえる、という説もあります。「家の中に犬がいるッ!?」とカン違いして、警戒して鳴くのかもしれません。

Q 家族でケンカしていると猫が鳴いて止めにきます

A 険悪な家の空気が猫にはストレス

残念ながら、猫は飼い主さんたちを心配してケンカを仲裁しようとしているわけではありません。ふだんは平和な家の中が、飼い主さんたちの怒鳴り声などによって、ピリピリとした空気になっていることが不安で鳴いているのです。猫にとって安心できるのは、いつもと同じ家の空気なのです。ただし、鳴いたことで実際にケンカをやめれば、猫は「鳴けばいつも通りになる」と覚えます。その後はケンカをやめさせるために鳴くようになるかもしれません。

Q うちの猫、「ごは〜ん」としゃべります！

A 人間の言葉をしゃべる猫!? 真相は飼い主さんとのやりとりにアリ

「ごは〜ん」と鳴く猫、「おはよ〜」と鳴く猫……。確かに、人間の言葉をしゃべっているように聞こえる猫は結構いるようです。これらはすべて、飼い主さんとのやりとりが関わっていると考えられます。そのやりとりとは次の通り。

飼い猫は、飼い主さんが反応してくれるとよく鳴くようになります。鳴いているうちに、たまたま「ごは〜ん」と聞こえるような鳴き方をしたときに、飼い主さんが驚いて褒めたり、実際にごはんを与えるようなことがあると、猫は「こういうふうに鳴くと、いいことが起きるんだ」と覚えます。するとその鳴き方をくり返すようになるというわけ。

（上）動画サイトYou Tubeで話題のしゃべる猫、ユッケちゃん。しゃべる言葉は「わかんな〜い」「にげてぇ〜」「いや〜ん」「さむいね〜」「ちが〜う」「あけて〜」など多彩。（左）飼い主さんの証言による「うちの猫がしゃべる言葉」で一番多いのが「ごは〜ん」。おなかが空いたときに甘えるように鳴いて催促する声が、人間の耳にはそう聞こえやすいのでしょう。

残念ながら猫が本当に意味を理解して鳴いているわけではないのですが、これもひとつのコミュニケーション。飼い主さんが楽しめば、楽しい雰囲気は猫にも伝わります。「言葉をしゃべる猫」として、どんどん楽しんでしまいましょう。ただし、ごはんのあげすぎには注意！

Q 電話中にうるさく鳴いて邪魔します

A 電話でしゃべっているとはわからないのです

当たり前ですが、猫には電話が何かわかりません。飼い主さんが電話でしゃべっているようすは、猫には「ひとりでしゃべっている」ようにしか見えないのです。それは猫にとって不思議な状況。電話中、笑ったり大声を出したりすれば、猫にとってはますます謎が深まるばかりです。「もしかしたら、自分に話しかけているのかな？」そう思って、鳴いて返事する猫もいるでしょう。そうして鳴いても飼い主さんが何も反応しなければ、ますますしつこく鳴く猫も。猫にとってはわけがわからないのですから、しかたありません。間違っても「うるさいッ」なんていって叱らないでくださいね。

甘えたり、調べたり…

しぐさから
わかるキモチ

【モミモミ】

毛布や布団などの柔らかいものを、
前足を交互に動かしてもむしぐさ。
「フミフミ」ともいいます。

モミ
モミ
モミ
モミ

ぐぅ

ぱあ

眠りながら、前足をグーパーする猫。夢の中でお母さんのお乳をモミモミしながら飲んでいるのでしょう。

基本の意味 お乳を飲んでいたことを思い出しています

猫の赤ちゃんは、お母さんのお乳を飲むとき、前足でおっぱいをもみながら飲みます。無意識の行動ですが、このしぐさをすることで自然とお乳の出がよくなります。この赤ちゃんのときの記憶が猫にはずっと残っていて、おとなになってからもモミモミと何かをもみはじめることがあります。それは、母猫のお乳を飲んでいたときと同じような、暖かくて、柔らかくて、心地よいものに包まれていて、安心しきっている状況のとき。ウトウトと眠たいときにすることも多いようです。このしぐさをしているときは、猫は幸せな気分に浸っています。満足感に包まれながら、赤ちゃんのころに戻っているのです。

もみもみもみ もみもみもみ
ベッド

【チュパチュパ】

何か柔らかいものを口にくわえて吸うしぐさ。吸うものは人間の指や毛布などさまざま。

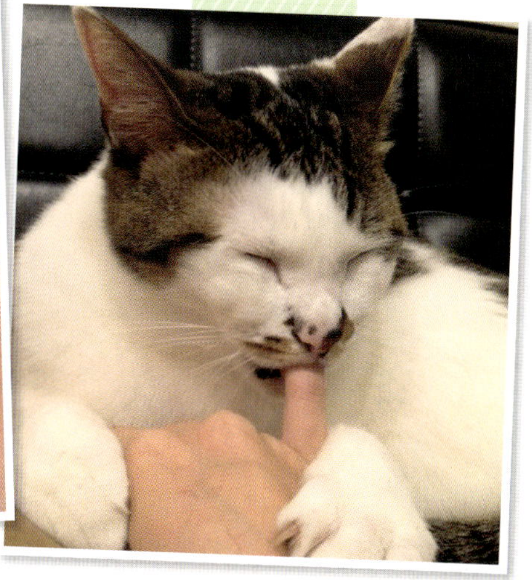

基本の意味　まさにお母さんのお乳を飲んでいるしぐさ

左ページの「モミモミ」と同じで、お母さんのお乳を飲んでいるときを思い出しているときのしぐさ。人間の赤ちゃんのおしゃぶりのようなものです。そのため、モミモミしながらチュパチュパするというように、セットで行う猫が多いです。また、やはりウトウトと眠たいときにこのしぐさをする猫が多いよう。実際にお乳を飲んでいた赤ちゃんのときは、おなかいっぱいになって眠ってしまいますから、眠たいときにこのしぐさをするのは当然かもしれませんね。

親と早く離れた猫は赤ちゃん返りしやすい

「モミモミ」も「チュパチュパ」も、赤ちゃん返りのしぐさ。このようなしぐさは、まだ幼いころに母猫から離され、"乳離れ"の過程がしっかり経験できなかった猫に多いといわれています。なかにはセーターなどを噛みちぎって飲み込んでしまう猫も。胃腸に詰まらせる危険があるので、吸うクセのある布などは片づけて予防して。

【ゴロリン】

横になっておなかを見せるしぐさ。
無防備なそのしぐさに思わずキュンとなる、
人気の高い猫のしぐさのひとつ。

基本の意味　飼い主さんに心を許して安心しています

柔らかいおなかは、攻撃されるととても弱い部分。だから、安心できない相手の前ではおなかは見せません。おなかを見せるということは、安心できる状況であるということ。飼い主さんを信頼しているからこそ、飼い主さんの前でこういったしぐさを見せるのです。基本はそういった意味ですが、シチュエーションによっていくつかのバリエーションがあるので、見ていきましょう。

ゴロン
ゴロン
ここで
かまって！

甘えたいとき、かまってほしいときに、このようにおなかを見せて転がりますが、なかには「もうやめてよ」の意味もあるので見分けることが必要です。

バリエーション

飼い主さんの前で 突然おなかを見せる

猫のほうから飼い主さんに近づいてきて、目の前でゴロリンと横になるのは、「遊んで！」という意味。猫どうしでも同じ意味でこのボディランゲージが使われます。このしぐさをしたとき、猫どうしなら必ずじゃれ合いや追いかけっこが始まるはず。あなた相手にこのしぐさをしたときも、遊び相手になってあげましょう。

左の子猫が転がって右の子猫を遊びに誘っています。前足を「コイコイ」というふうに動かすのも特徴。右の子猫は誘いに応じ、左の子猫に飛びつこうとしています。このあと、もつれあってケンカごっこが始まります。こうして子猫は成長していくのです。

読んでいる新聞や 本の上で横になる

飼い主さんが新聞や雑誌を読んでいると、猫がその上で横になることがあります。これは決して邪魔をしているわけではありません。じっと動かない飼い主さんを見て、猫は「どうしたのかな？　いつもはかまってくれるのに。ねえねえ、ボクはここだよ」というキモチでアピールをしているのです。

人がおしゃべりをしている間に入っておなかを見せるのも、「ボクもかまってよ」のサイン。自分に注目を向けたいのです。

なでている途中で おなかを見せる

背中や頭をなでているとき、猫が自らおなかを見せるときがあります。「おなかもなでてほしいの？　ヨシヨシ」なんて喜んでしまいそうですが、実はこれは拒否の意味。「もう十分。終わってちょうだい」という意味なのです。なでるのをやめ、解放してあげて。

【クネクネ】

単に横になっておなかを見せるだけでなく、
体をくねらせたり、左右に何度も転がるしぐさ。
目はつぶっていることが多いよう。

基本の意味 キモチがよかったり恍惚状態のときのしぐさ

理由はいろいろありますが、クネクネしているときの猫のキモチは、「キッモチいい〜♪」。機嫌よく、今の状況を堪能しています。このようにキモチよくなる理由は、「天気がよくてキモチいい」「マタタビで酔っぱらっちゃった」「なんだかムラムラするぅ〜（発情）」などさまざま。おなかを見せていることからもわかるように、何の不安も感じていない状態でもあります。

バリエーション

ひとり遊びをしている

猫にとって安心できて、暖かくて、キモチのよい環境のとき、ゴロリンと横になったあとに、その環境を楽しむようなキモチで、体をくねらせたり、転がって遊びます。仲のいい猫がいると２匹でじゃれ合うことになりますが、１匹しかいないと、クネクネとひとり遊びをすることに。目はキモチよさそうに細められて、まるで恍惚状態？　のら猫が陽だまりでこうしてひとりで遊んでいることもありますね。

発情している

猫の発情期は年に数回あります。避妊手術を受けていないメス猫が床でクネクネしだしたら、発情した可能性大。フェロモンをふりまいて、オスを誘っているのです。メス猫のフェロモンは、たとえ室内にいても、窓のすき間などから風に乗って500メートル以上先まで届くといわれています。

発情期のメスの行動

発情したメスは、床の上を転げまわったり、甘えたような声で鳴きます。胸を床につけておしりを上げる姿勢もとります。これはオスを受け入れる姿勢です。

オスと交尾すると高い確率で妊娠します。妊娠したら発情は終わり。平均4匹の子猫を生みます。

妊娠しない場合はいったん発情が終わりますが、数日後に再び発情。これが1か月半ほど続きます。

マタタビなどに反応している

マタタビをなめたり、においを嗅いだりしたときにも、クネクネと床を転がります。さらにはよだれを垂らしたり、異常に興奮するなど、まるで酔っぱらったようになります。これは、マタタビに含まれるマタタビラクトンという成分が、脳の中枢部を刺激したり、軽く麻痺させるため。キウイやキャットニップ（イヌハッカ)、歯磨き粉にも似た作用のある成分が含まれています。

マタタビに反応して酔っぱらった猫。

背中をかいている

単純に、背中を床にこすりつけ、かゆいところをかいている場合も。こういうときは、背中をかいてあげるとキモチよさそうな顔をするはず。ついでにブラッシングもしてあげましょう。注意したいのは、ノミなどに寄生されてかゆがっている場合があるということ。念のため、毛をかき分けてノミがいないか確認して。

予備知識
顔の表情
姿勢
しっぽ
寝姿
ポーズ
鳴き声
しぐさ

【スリスリ】

人間の足もとや家具などに、顔や体をこすりつけるしぐさ。スリスリされている人間はそのしぐさにメロメロ。

基本の意味

体をこすりつけてにおいをつけています

猫が体をこすりつけてくるのは、顔や体にある臭腺（分泌腺）から出るにおい物質をつけるため。猫はなわばり内のあちこちににおいをつけ、「ここはわたしのモノ」と主張しますが、これを人に対してもやるのです。スリスリするしぐさは「飼い主さん大好き」というより、「飼い主さんもわたしのモノ！」というキモチが強いといえそう!? もちろん、信頼していない人に対してはやらないので、喜んでいいことです。

バリエーション

帰宅したときにスリスリする

飼い主さんが帰宅したときに、激しくスリスリしてくることがあります。これは、外でたくさんいろいろなにおいをつけて帰ってきた飼い主さんに対して、自分のにおいをつけ直しているのです。「おかえり！」と歓迎しているというより、「変なにおい！ わたしのにおいをつけ直さなきゃ」というキモチのようです。

お口のにおいチェックをしたがる猫も！

【ゴッチン】

頭のてっぺんを何かにぶつけるさま。
ぶつける対象は家具や壁、人間の足などさまざま。
猫どうしが頭をぶつけ合うこともあります。

基本の意味 スリスリと同じで、においつけの行動です

猫の体にはにおいを分泌する臭腺がいくつもあり、おでこもそのひとつ。臭腺は少しばかりかゆいところでもあるので、猫は家具や人の足などにそこをこすりつけます。すると猫のにおいがつくというわけ。この「ゴッチン」はやる猫とやらない猫がいますが、その理由はさだかではありません。おでこの臭腺が特にむずがゆい猫がやるのかもしれませんね。

臭線のある場所

こめかみ腺
おでこの両側にある臭腺。猫どうしのあいさつのときにここをこすりつけます。

おでこ

側頭腺
耳の後ろにある臭腺。よくここを後ろ足でかきます。

わき腹
飼い主さんにスリスリするときにわき腹をさっとこすりつける猫がいますが、ここにも弱めの臭腺があるためです。

周口腺
上唇の周辺にある臭腺。特定の物体にマーキングするときに使います。

おとがい腺
下あごにある臭腺。これも特定の物体のマーキングに使います。

肉球
肉球の間にも臭腺が。爪とぎしたものや、歩いた跡ににおいが残ります。

肛門腺
肛門両脇にある臭腺。排便時や興奮時に分泌液が出ます。

尾腺
しっぽにも臭腺が点在。しっぽのつけ根辺りは分泌液でべたつく猫も。

【クンクン】

鼻でにおいを嗅ぐしぐさ。
猫の鼻の頭は湿っていて、
においな物質をよく集めることができます。

基本の意味　猫は視覚よりも嗅覚でさまざまなものを認識します

猫の嗅覚の鋭さは人間の20万倍以上。そのため、猫は視覚よりも嗅覚でさまざまなものを認識しています。はじめての場所に行ったり、はじめての相手に出会ったときは、においをよく嗅いで「ふむふむ、コイツはこんなにおいだニャ」と覚えます。例えば飼い主さんが瓜二つの双子でも、猫は微妙なにおいの違いを嗅ぎ分け、見分けることができるといいます。逆に、同じ相手や場所でも、においが変わると同じだと認識できず、警戒することも。多頭飼いで1匹の猫が動物病院に行き、家に帰るとほかの猫に威かくされることがありますが、これはその猫に病院のにおいがついてしまったためです。

猫の嗅覚は犬には劣りますが、人間よりもはるかに鋭く、3～4日前にほかの猫がマーキングしたにおいを嗅ぎ分けることができるといいます。

猫のあいさつはにおいを嗅ぎ合うこと！

お互いに友好的なとき♪

一方もしくは両方に敵対心があるとき

顔を近づけて鼻をくっつけます

顔を寄せ合って鼻をくっつけ、お互いのにおいを嗅ぎ合います。相手に対して友好的な好奇心でいっぱいです。

↓

相手のおしりのにおいを嗅ごうとする

次に相手のおしりのにおいを嗅ごうとします。ですが自分のは嗅がれたくないので、逃げようとして２匹でグルグル回ることも。

↓

弱い立場の猫があきらめ おしりのにおいを嗅がせる

そのうちに弱い立場のほうの猫があきらめ、相手におしりのにおいを嗅がせます。これではじめてのあいさつは終了。

威かく

「シャーッ」とキバを向いて威かくし、相手を近づけさせません。どちらも引かなければ、ケンカに発展します。

指先に鼻をつけるのは？

猫に指を差し出すと鼻をくっつけてきますが、これは猫どうしが鼻をくっつけてあいさつするため。鼻のようにちょこんと出たものには自分の鼻をくっつけたくなるのです。

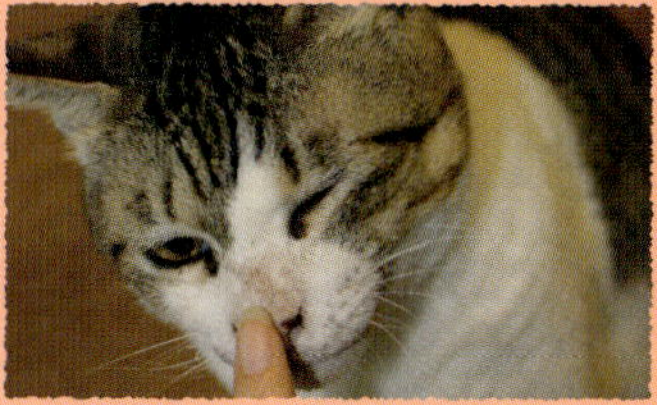

【ナメナメ】

舌でなめるしぐさ。体を舌でなめて
毛づくろいしたり、食べ物をなめ取ったりします。
猫の本能的なしぐさのひとつです。

基本の意味

体をなめることで精神的に落ち着きます

毛づくろいは、猫にとって体をきれいにするという目的のほかに、精神的に落ち着くことができるなど、とても重要な行為。子猫は母猫に体をなめられることで情緒が落ち着いた猫になりますし、猫どうしで体をなめ合うことは親愛の証であり、大切なコミュニケーションでもあります。人間に体をなでられることも、猫にとっては「大きな舌で体をなめられている」ように感じているという説も。猫どうしでは「手でなでる」という行為はありませんから、当然かもしれません。

ザラザラの舌が毛づくろいや食事に役立つ

ご存じの通り、猫の舌はザラザラしています。人間の舌にも「乳頭《にゅうとう》」と呼ばれる細かい突起がありますが、猫の場合この乳頭のひとつひとつが硬くなっています。これがちょうどブラシのような役割をして、なめることで毛をとかしたり、抜け毛や汚れを取ることができます。また、野生ではネズミなどの小動物を捕らえて食べていた猫。獲物の肉を骨からこそげ落とすのにも、ザラザラの舌が役立っていました。ちなみに、舌に力を入れるとザラザラが立ち上がり、力を抜くと寝ます。力の入れ具合で調節が可能なんですね。

バリエーション

人がなでたところを、あとからなめる

人になでられたあと、猫が自分でその部分をなめることがあります。これは「やだやだ、もう触んないでよね!!」といっているわけではありません。毛の乱れを整えて、自分の体をベストコンディションに直しているのです。身だしなみを整えることを怠らない几帳面な性格（?）の猫なのかもしれません。

人に噛みついたあと、なめる

もともとハンター気質の猫。遊んでいるときなどに気分が盛り上がり、飼い主さんについガブリ！　その後、口を離し、ペロペロと噛んだ部分をなめることがあります。それを見て「反省したのね……」なんて思ったアナタ！　狩猟モードになった猫の気分は、そうかんたんには戻りません。なめるのは、「捕らえた獲物を味見する」ようなキモチ。そのままにしておくと、またガブリ！　とやられてしまうかもしれません。ふだんから人の手ではなく、じゃらし棒などで遊ばせるクセをつけましょう。

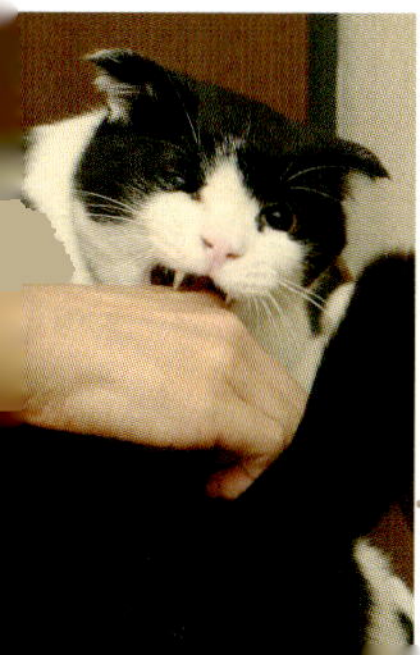

何かに失敗したときに体をなめる

例えばどこかに飛び乗ろうとした猫が、失敗して転がり落ちたとき。まるで飼い主さんからの視線をごまかすように、せっせと毛づくろいしはじめるのを見たことはありませんか？「失敗をごまかそうとしている」ようにも見えますが、猫が人の目を気にすることはありません。左ページでも述べたように、毛づくろいには心を落ち着かせる効果もあります。失敗して内心あせっている猫は、「とりあえず落ち着こう」として、毛づくろいを始めるのです。こうした場合の毛づくろいは短時間で終わります。

涙をなめてくれる

人が泣いているとき、まるでなぐさめるようにそばに来て、頬を伝う涙をなめてくれることがあります。しかし残念ながら、猫が人間の複雑な心情を理解していることはありません。なんとなくいつもと違うようすの飼い主さんを見て、「ナンダロウ？」と思い、確認するためにそばに来てみたら、ほっぺを水が流れている。どれ、味を見てみよう……というところでしょう。

kaki-kaki

【カキカキ】

前足で砂をかくしぐさ。排せつしたあと、
猫は本能的にこのしぐさをします。

基本の意味　自分のにおいを消すため砂をかけて隠します

なわばり内で排せつするとき、ウンチやオシッコのにおいで自分の居場所を悟られてしまうのは、猫にとって不利。そのため、排せつしたあとはウンチやオシッコに前足で砂をかけて隠すという行動が、猫には本能的に備わっています。しかし、あまり警戒心のない現代の猫は、この本能が失われている場合も。多頭飼いの場合、立場が弱いほうの猫はせっせと砂をかけて隠しますが、強いほうの猫は恐れるものがないため、自分の排せつ物をまったく隠さないこともあるようです。

バリエーション

トイレのあと、砂のないところをかいている

この本能は、厳密にいうと「砂をかける」本能ではなく、「砂をかけるしぐさをする」本能です。野生時代から現代までの長い歴史の間に、本来の目的である「排せつ物を隠す」がどこかへ行ってしまったようで、砂をかけるしぐさをしているけれど、実際には全然かかっていないことも多いのです。トイレの横の壁をかいていたり、トイレの外の床をかいていたり。人間からすれば意味のないことですが、猫は真剣にやっているので笑えますね。

キャットフードのまわりをかく

猫がキャットフードを食べずに、そのまわりをかいていることがあります。これは「こんなものキライ！」といっているわけではなく、「今は食べたくないから土に埋めて取っておこう」というキモチ。実際に埋められるわけではないのですが、猫は埋めるしぐささえできれば満足なのです。

見慣れないもののまわりをかく

残っていたにおいが気になるのか、テーブルの上をカキカキする猫。

テーブルの上に置かれていたお茶のにおいを嗅いで砂をかくしぐさをする猫。

ふだん見慣れないものに対して砂をかくしぐさをすることもあります。特にコーヒーやお茶など、においの強いものが多いよう。嗅覚の鋭い猫にとっては「なにこれクサイ。埋めちゃえ」というところなのでしょう。とにかく、いらないものやクサイものには砂をかけるしぐさをしたくなるのが、猫という動物なのです。

【ジーッ】

何かを凝視するさま。興味津々のときは
瞳孔が大きくなるなど、瞳孔の動きによっても、
ある程度キモチが読み取れます。

基本の意味

気になるものをじっと見つめて観察します

ワクワクと期待するようなキモチで相手を観察したり、「何だコイツ」といういぶかしげなキモチで何かを警戒したり。とにかく気になるものがあったときは、ジーッと観察します。興奮すると瞳孔は大きく広がり、聴覚や触覚などもフル稼働させるため、耳やヒゲも前を向きます。興味がなくなると表情がゆるみ、鼻からため息を出したりします。

バリエーション

飼い主さんと目を合わせようとする

猫が目を合わせるのは、親しい相手だけ。見知らぬ相手と目を合わせるのは、猫の世界のルールではケンカを売っていることになるので、目を合わせません。飼い主さんをジーッと見つめ目を合わせようとするのは、親しみの表れ。このようなとき、猫の瞳孔は微妙に大きくなったり小さくなったりをくり返しています。ほかに、「ごはんがほしい♥」などのおねだりの場合も。

窓の外をじっと見つめる

猫が窓の外をジーッと眺めていると、「外に出たいのかな」と感じる飼い主さんもいると思います。しかし、一度も外に出たことのない猫にとっては、窓の外はなわばり外。猫はなわばりでない場所には、行きたいとは思いません。窓の外を見つめているのは、通行人を見たり、空を飛んでいく鳥を眺めたりして、暇つぶしをしているだけなのです。ただし、一度でも外に出てしまった猫は、外も自分のなわばりと思います。なわばりを点検したいと思いながら脱走のチャンスを狙っていることも。

何もないところをじっと見つめる

猫があらぬ方向をジーッと見つめ続けること、ありますよね。人間がそちらの方向に目を凝らしても、何も見えない……もしや幽霊か何か？　なんて怖い想像がふくらんでしまいますが、心配ご無用。実はこれ、ほとんどの場合、何かを見ているのではなく「聴いて」いるのです。猫は人間には聴こえない高い音（超音波）まで聴き取ることができます。気になる音がするとその方向を向いてじっと耳を傾けるため、それが人間には何かを凝視しているように見えるのです。

テレビやパソコンを見つめる

テレビやパソコンをジーッと眺めるのは、画面の中の動くものに興味を引かれているため。特に夢中になって見るのは、動きのある動物番組やスポーツ番組。テレビの中で動く動物やパソコンのカーソルを、前足で捕まえようとする猫もいます。けれども、いくらがんばっても捕まえることはできません。何度もくり返すうちに、猫も「なんだかおかしいぞ」と気づいて、そのうちに「虚像」であることがぼんやりとわかってきます。そうなると興味をなくします。

【バリバリ】

爪をとぐしぐさ。実際には「とぐ」のではなく、
爪の表面の古い層をはがしています。
壁や家具にバリバリされると痛手。

基本の意味

爪のお手入れのほかにマーキングの意味も

爪とぎには3つの意味があります。ひとつはもちろん、爪を鋭く保つため。木に登ったり、敵と戦うのに鋭い爪は不可欠です。2つ目はマーキング。猫の足の裏には臭腺があり、爪とぎすることでにおいをつけます。野生では木の幹などで爪をとぎますが、そのとき猫はなるべく体を伸ばして高い位置に爪とぎの跡をつけます。あとでこれを見たほかの猫に「オレは体が大きくて強い猫だぞ」とアピールするためです。3つ目は気晴らし。むしゃくしゃした気分のときにバリバリすることで憂さを晴らします。

バリエーション

飼い主さんの気を引くために爪とぎする

注意されるのをわかっていて、わざと飼い主さんの目の前で困った行動をするのは、飼い主さんの気を引こうとしている証拠。かまってもらえないので「こんなことやっちゃうもんね」というキモチです。少し強気の一面があるのかも。

後ろ足の爪は噛んでお手入れ

前足の爪は爪とぎをしてお手入れしますが、後ろ足の爪とぎは見たことがありませんよね。後ろ足は写真のように歯で噛んで、古くなった層を取り除くのです。

【カイカイ】

後ろ足で耳やあごの下をかくしぐさ。
猫は体が柔らかいので、こんな姿勢もお手のもの。

基本の意味

なめられない部分を足を使ってグルーミング

自分の舌でなめることができない首から上の部分は、前足や後ろ足を使ってグルーミングします。繊細な顔の部分は傷つけないよう前足でていねいに洗いますが、あごの下や耳がかゆいときは後ろ足を使ってかきます。しかし細かい部分まで後ろ足でお手入れするのはなかなか難しいようで、人があごの下や耳をかいてあげると、とてもキモチよさそうな顔をします。猫どうしで毛づくろいするときも、自分でなめにくい頭から上をなめてあげることがほとんどです。

バリエーション

あごをかいてあげると後ろ足が動く

人があごの下や耳をかいてあげると、後ろ足がヒョコヒョコと動く猫はいませんか？　猫の中では「耳やあごに刺激があってキモチいい」＝「自分で後ろ足でかいている」と、連動したものとして覚えているので、反射神経のような感じで勝手に動いてしまうようです。

【カミカミ】

口で噛むしぐさ。猫のキバ（犬歯）は鋭く、強く噛めば相手にかなりのダメージを負わせることができます。

猫の歯のつくり

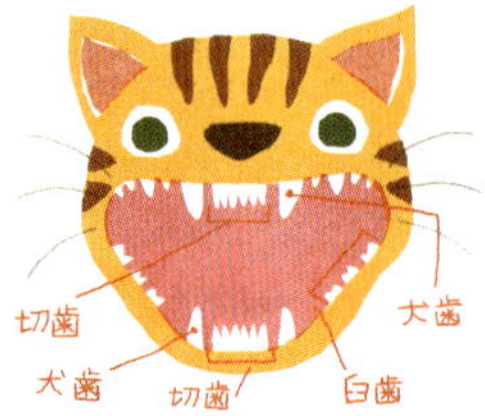
切歯
犬歯
犬歯
切歯
臼歯

合計30本の歯があります。生後4～7か月で乳歯から永久歯に生え変わります。

基本の意味

獲物をしとめるときの攻撃手段で、本能的な行動

猫は獲物をしとめるとき、首すじに噛みつきます。鋭いキバで急所に噛みつき、とどめをさすのです。このようにもともとハンターである猫が「何かを噛みたい」のは避けられない本能。そのため人間に噛みつくクセのある猫は、噛むこと自体をやめさせるのではなく、噛む対象を人ではなくおもちゃに変えることが大切です。遊ぶときは必ずおもちゃで遊ばせ、たくさん噛みつかせて発散させましょう。

そのほか、親密な相手には優しく甘噛みしたり、毛づくろいの途中で皮膚を噛んで適度な刺激を与えるなど、攻撃以外の場合もあります。

バリエーション

オス猫が突然噛みついてくる

オス猫はメスと交尾するとき、メスの首すじを噛みます。オス猫が突然あなたに噛みついてきたときは、あなたを恋人とカン違いしている可能性が。そのときの噛み方は、獲物をしとめるときほど強くはありません。そのほか単に「遊びたい」などのアピールのために噛みついてくることも。これはメスもやります。

カプッ

【バシバシ】

前足で叩くしぐさ。いわゆる"猫パンチ"。
すばやい速さで一度に連続して
数回くり出されることが多い技。

基本の意味

猫パンチはケンカのときの最初の攻撃手段

敵とケンカするときの攻撃手段のひとつ、猫パンチ。「噛む」「蹴る」は敵と密着していないと使えない技ですが、パンチは少し離れた距離からも有効。そのためケンカのときの最初の攻撃手段にもなります。子猫は生後1～2か月くらいで、遊びのなかでパンチをしはじめます。獲物に見立てたおもちゃや、見知らぬものを警戒しながら調べるときも、前足で叩きます。

猫パンチがあって犬パンチがないのは

猫パンチをしたり、部屋のドアを前足で開けたりと、猫は器用に前足を使いますが、これらの芸当は犬にはできません。なぜなら、犬には「鎖骨」がほとんどないから。鎖骨が発達していないと前足を左右には動かせず、器用に使うことはできないのです。また、獲物を前足だけで捕えたり、触ったりすることも犬はしません。犬は直球型で、獲物を捕まえるときは口で噛み、見知らぬものを調べるときは鼻で嗅ぎます。そのためヤマアラシの刺《とげ》が鼻に刺さるなど、手ひどい目に遭うこともあります。猫は慎重派なので、見知らぬものは前足でつついて反応を見ます。

【ケリケリ】

後ろ足で蹴るしぐさ。通称“猫キック”。
小さい体からは想像できない、
かなりの威力をもつ攻撃手段。

基本の意味　猫どうしのケンカのときの最強の反撃手段

猫の攻撃手段のなかで、もっともパワーが強いのが猫キック。猫のジャンプ力を考えれば、後ろ足の力強さは想像できますね。猫キックをくり出すのは、相手に体を押さえ込まれてしまったとき。胴体が地面についた状態で、相手を前足でしっかり抱え込みながらキックをさく裂させます。おもちゃで遊んでいるときも、興奮してくるとケンカしているつもりでおもちゃを蹴ります。

【フリフリ】

おしりを振るしぐさ。
獲物を狙って飛びかかる前にこのしぐさをします。
おもちゃや人相手にこのしぐさをすることも。

基本の意味

一発でしとめるために飛びかかる位置を調整

獲物を狩るときは、相手に気づかれないように体勢を低くして近づき、狙いを定めて一気に飛びかかります。飛びかかる前に、ジャンプの方向を調整したり、タイミングをはかるために後ろ足をそわそわと交互に動かしますが、これがおしりを振っているように見えるというわけ。ちなみに野生では、草むらなどに身を隠して近づくことができますが、家の中や街中で暮らしている現代の猫は、いくら体勢を低くしてもその姿はまる見え。本来の目的は果たせていなくても、「体勢を低くする」という行動だけが習性として残っているというわけです。

猫の狩りの方法

ギリギリまで近づいて狙いを定めます。飛びかかるときにおしりをフリフリ！

獲物に向かってジャンプ！　このとき、後ろ足は地面から離れません。

前足で獲物をキャッチ。噛みついてとどめをさします。

【ピクピク】

睡眠中、けいれんするように体を細かく震わせること。病気かと思って動物病院を受診する飼い主さんも多い。

基本の意味　健康な睡眠状態。なかには寝言をいう猫も

人間は眠っている間、レム睡眠（体だけが眠り、脳は起きている状態）と、ノンレム睡眠（体も脳も眠っている熟睡状態）をくり返していて、レム睡眠のときに夢を見ています。そしてこのときには寝言をいったり、体を動かしたりします。猫も同じようにレム睡眠とノンレム睡眠をくり返しており、レム睡眠時に体をピクピクと動かすことがあります。なかには寝言をいう猫も。獲物を追いかける夢でも見ているのでしょうか。

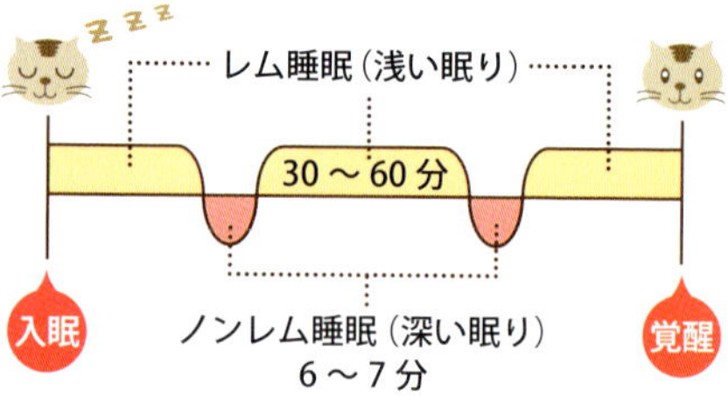

Z Z Z
レム睡眠（浅い眠り）
30～60分
入眠
ノンレム睡眠（深い眠り）
6～7分
覚醒

猫の睡眠のほとんどは、脳は起きているレム睡眠。野生ではいつ敵が襲ってくるかわからないので、長い時間熟睡するのは危険なのです。

しぐさ 行動 でわかる＋猫の病気・ケガ

愛猫の異変を見逃さないように、次のしぐさ・行動に注意しましょう！

目をこする、目を細める

前足で目をかいたり、まぶしそうに目を細めるのは、目や目の周辺にかゆみや痛みがある証拠。自分でこすってしまうと、病状を悪化させてしまいます。エリザベスカラーをつけたり、首から下を洗濯ネットに入れ、目をかけない状態にして病院へ連れて行きましょう。

考えられる病気	結膜炎、角膜炎、眼瞼内反症《がんけんないはんしょう》、緑内障、アレルギー、猫風邪、異物の混入　など

頭を振る、頭を傾ける

多くの場合、耳の中に違和感があるサイン。耳に異物が入っていたり、寄生虫がいたり、内部に炎症やかゆみがあると、頭を振ったり、足で耳をかくしぐさが見られます。まれに脳に疾患があることが原因で、頭を振るしぐさをすることもあります。

考えられる病気	耳疥癬《みみかいせん》（耳ダニ）、外耳炎、中耳炎、耳血腫《じけつしゅ》、前庭疾患、異物の混入　など

体をしきりにかく

後ろ足でしきりに体をかいたり、歯で何度も体を噛むのは、体にかゆみがあるサイン。ノミやダニなどの寄生虫やアレルギー性皮膚炎など、皮膚疾患が真っ先に疑われます。かきすぎると皮膚を傷つけ悪化することもあるので、早めの治療が必要です。

考えられる病気	ノミアレルギー性皮膚炎、疥癬《かいせん》、耳疥癬《みみかいせん》（耳ダニ）、アトピー性皮膚炎　など

体の一部分ばかりなめる

体の同じ部分ばかりなめ続けるのは、病気やケガ、ストレスのサイン。まずはなめている部分に炎症や傷がないか確かめましょう。外から見えない内臓疾患の場合も、痛みがある部分をなめ続けることがあります。なめすぎて脱毛が見られるときは重症です。

考えられる病気	皮膚疾患、膀胱炎、尿石症、肛門のう炎、腸炎、膵炎、ストレス　など

吐く

さまざまな病気でよくある症状として嘔吐があります。胃腸の病気で吐くことはもちろん、腎不全など胃腸以外の病気の症状としても吐きます。1回だけ吐いて、吐いたあとはケロッとしているならようすを見てよいですが、1日に何度も吐いたり、熱や下痢などほかの症状もある場合は、病気の可能性が大。動物病院を受診して原因を探りましょう。

考えられる病気	胃腸炎、腸閉塞、腹膜炎、腎不全、肝疾患、糖尿病、がん　など

吐こうとして吐けない

ゲエッ、ゲエッ

と吐きそうなしぐさをくり返すものの、何も吐けなかったり、白い胃液しか出なかったりするのは、異物を誤食して吐きだせないのかもしれません。すぐに病院へ連れて行きましょう。開腹手術が必要な場合もあります。また、吐くものがなくても、病気の症状として吐き気があるために、このようなしぐさをすることもあります。

考えられる病気	異物誤食、毛球症《もうきゅうしょう》、腸閉塞、腎不全、肝疾患、がん、食道炎　など

トイレに頻繁に行く、トイレで力《りき》む

猫はもともと泌尿器の病気になりやすいため、このような行動が見られたら要注意です。まず考えられるのは尿石症。尿内のミネラル分が結晶化して結石になり、それが尿道に詰まって、オシッコが出なくなってしまう病気です。オシッコが出ないため何度もトイレに行ったり、力んだりして何とか出そうとします。丸一日オシッコが出ないと命の危険もあるため、すぐに病院へ。去勢済みのオスが特になりやすい病気です。

考えられる病気	尿石症、膀胱炎、便秘、巨大結腸症、下痢、前立腺肥大　など

こんな症状にも注意！

●オシッコが赤い

尿石症や膀胱炎で尿路が傷つき、出血している証拠です。すぐに病院へ。

●オシッコにキラキラしたものが混じる

キラキラしているものは尿結石。尿石症のしるしです。食事療法などが必要です。

トイレ以外の場所でオシッコする

排せつのときに痛みがあると、トイレ以外の場所で排せつしてしまうことがあります。尿石症や膀胱炎になっている可能性があります。その場合は血尿が出たり、おなかを触ると痛みがあるのでいやがります。動物病院で診てもらいましょう。

考えられる病気	尿石症、膀胱炎、ストレス　など

口で息をする

口で息をしていたり、呼吸が浅くて速い、ヒューヒューという音がするなどは危険信号。立ったまま胸を張って呼吸するのは、横になると胸が圧迫されて苦しいからです。肺炎や、胸に水や膿《うみ》がたまっているなど、深刻な事態のこともあります。熱がある場合が多く、気温が高い場所にいると悪化するので、涼しくて静かなところに移動させ、至急動物病院と連絡をとりましょう。

考えられる病気	肺炎、気胸《ききょう》、膿胸《のうきょう》、心疾患、猫風邪、熱中症、中毒　など

クシャミをする

鼻の粘膜に刺激を受けるとクシャミが出ます。気温の変化や、ホコリが鼻に入ったときなどは、単なる生理現象として1、2回クシャミをします。しかし何度もクシャミをしたり、鼻水や涙目、目やに、よだれなど、ほかの症状も見られるときは病気です。早めに治療してつらい症状を抑えてあげましょう。早く治さないと後遺症が残ることもあります。

考えられる病気	猫風邪、鼻炎、副鼻腔炎　など

セキをする

猫はふだんあまりセキをしません。何度もくり返しセキをするときは明らかに病気のサインです。セキにはいくつかタイプがあり、ゼエゼエという湿ったセキは気道に炎症が起こり痰《たん》が混ざっている状態。コホッという乾いたセキは肺に異常があるときです。長引くとセキの衝撃で胸腔《きょうくう》に穴が開くこともあり、気胸《ききょう》や膿胸《のうきょう》につながります。早めの治療が肝心です。

考えられる病気	猫風邪、気管支炎、気管支喘息、肺炎、心疾患、フィラリア症　など

異常に食欲がある

よく食べるのは健康な証拠と思いがちですが、病気が原因で食欲が増えることがあるので注意が必要です。特に老齢の猫で、よく食べるのにやせていく場合は、甲状腺ホルモンが異常に分泌される病気の可能性大。血液検査で調べてもらいましょう。また、胃腸に寄生虫がいて、栄養を奪われている可能性もあります。食事量と体重をチェックして早期発見を。

考えられる病気	甲状腺《こうしょうせん》機能亢進症《きのうこうしんしょう》、糖尿病、寄生虫　など

水を大量に飲む

猫の健康を守るためには飲水量の把握も必要です。飲む量が増えたら病気の可能性があります。一番に考えられるのは慢性腎不全。腎臓の機能が衰えると必要な水分もオシッコとして排出してしまうため、その分多くの水を飲むようになります。いわゆる多飲多尿の症状で、慢性腎不全ではじめに出る症状です。飲水量と合わせてオシッコの量もチェックしましょう。

考えられる病気	腎不全、糖尿病、子宮蓄膿症《しきゅうちくのうしょう》、甲状腺《こうしょうせん》機能亢進症《きのうこうしんしょう》　など

暗い場所でじっとしている

動物は具合が悪くなると静かな場所でじっとして回復を待ちます。いつもは入らないような暗い場所でじっとしているのは、病気やケガがあるのかもしれません。念のため動物病院で診てもらうと安心です。

好物にも反応しないときは要注意

いつもは飛びつく好物や、大好きなおもちゃにも無反応なのは、体調が悪い証拠。取り返しのつかないことにならないうちに病院へ！

猫は病気やケガを隠す動物です

野生では、弱ったところを見せると敵に狙われやすくなって危険。そのため動物は弱っていてもそう見せない本能があります。飼い主さんが気づいたときには悪化していて手遅れということも。そうならないためには、日ごろからささいな異常も見逃さないことが大切です。

Special Thanks

Kitten's Bouquet de Rose
Abyssinians Cattery LICCA
Be Falsetto
Best of Hajime
CATTERY EVESGARDEN
Zephyros
キャッテリー fioretto
マーサスミス
curl up cafe
catcafe Cateriam
Nyafe Melange
猫の居る休憩所299
ねこのすみか
あいきゃっと
Cat Cafe Miysis
猫カフェ きゃりこ
猫の庭
猫カフェ 浅草ねこ園
高橋　衛
吉田雄吾
猪島建彦
的場千賀子
櫻井慶子
齊藤恵美子
しろちび
とっちー
kako
kachimo
mirura
ロビン

/ …and more! \

監修

今泉 忠明（いまいずみ ただあき）

哺乳類動物学者。ねこの博物館館長。日本動物科学研究所所長。著書に『最新 ネコの心理』『誰も知らない動物の見かた - 動物行動学入門』（ナツメ社）、『野生ネコの百科』（データハウス）、監修に『世界一かわいいうちのネコ 飼い方としつけ』（日本文芸社）など多数。

※この本は2012年発行の書籍『決定版 猫語大辞典』に新たな内容を加えて再編集したものです。

猫語辞典

2014年6月3日　第1刷発行
2014年9月19日　第3刷発行

発行人　脇谷典利

編集人　鈴木昌子

編集長　日笠幹久

企画・編集　株式会社スリーシーズン（富田園子／小南智子）

デザイン　heartwoodcompany（岩繁昌寛／畑田志摩／石出美帆／井上栞里）

写真　井川俊彦／岩田麻美子／北田友二／清水紘子／関 由香／高田泰運／田辺エリ／徳永 徹／布川航太／松岡誠太朗

イラスト　上田惣子／かたおかともこ／小泉さよ／たかぎりょうこ／高間ひろみ／田島直人／chizuru／仲西　太／野田節美／ウチガキナホコ

本文DTP　株式会社アド・クレール

発行所　株式会社学研パブリッシング
〒141-8412 東京都品川区西五反田2-11-8

発売元　株式会社学研マーケティング
〒141-8415 東京都品川区西五反田2-11-8

印刷所　岩岡印刷株式会社

この本に関する各種お問い合わせ先

【電話の場合】

●編集内容については
☎03-6431-1532（編集部直通）

●在庫、不良品（落丁、乱丁）については
☎03-6431-1201（販売部直通）

【文書の場合】

〒141-8418　東京都品川区西五反田2-11-8
学研お客様センター『猫語辞典』係

●この本以外の学研商品に関するお問い合わせは下記まで
☎03-6431-1002（学研お客様センター）

学研が発行する書籍・雑誌についての
新刊情報、詳細情報は、下記をご覧ください。
学研出版サイト　http://hon.gakken.jp/